计算机图像处理技术及应用研究

王来印　朱朝阳　王永红　著

延吉·延边大学出版社

图书在版编目（CIP）数据

计算机图像处理技术及应用研究 / 王来印，朱朝阳，王永红著. -- 延吉 : 延边大学出版社，2024. 7.

ISBN 978-7-230-06901-4

Ⅰ. TP391.413

中国国家版本馆 CIP 数据核字第 202480AZ84 号

计算机图像处理技术及应用研究

著　　者：王来印　朱朝阳　王永红

责任编辑：董德森

封面设计：文合文化

出版发行：延边大学出版社

社　　址：吉林省延吉市公园路 977 号

邮　　编：133002

网　　址：http://www.ydcbs.com

E-mail：ydcbs@ydcbs.com

电　　话：0451-51027069

传　　真：0433-2732434

发行电话：0433-2733056

印　　刷：三河市嵩川印刷有限公司

开　　本：787 mm×1092 mm　1/16

印　　张：10.25

字　　数：200 千字

版　　次：2024 年 7 月　第 1 版

印　　次：2024 年 7 月　第 1 次印刷

ISBN 978-7-230-06901-4

定　　价：68.00 元

前　言

随着时代的发展，计算机图像处理技术也在快速发展。使用计算机进行艺术创作已经被越来越多的艺术家所接受。在计算机技术发展的同时，人们对图像处理的要求也越来越高，图像处理技术作为计算机技术的一个重要组成部分，在更好地满足人们需求的同时，也渗透到了各行各业中。客观世界中的事物呈现在空间中往往是三维的，有些情况下，在客观世界得到的事物图像是二维的，那么静态图像便可以通过二维数组来展示。二维数组中的一个元素表示的是二维空间中的一个坐标点，表示该点形成的影像的某种性质。图像既反映物体的客观存在，又体现人的心理因素。与其他信息形式相比，图像具有直观、具体、生动等显著优点，可以按照图像中点的空间位置、灰度的大小变化方式、图像记录方式等对其进行分类。

计算机图像处理技术是利用计算机对图像进行分析、加工、处理，以满足人们视觉或应用需求的技术。它可以将图像处理得更加符合人眼的视觉感知，让信息以一种更加直观、明了的形式呈现在人们面前。现在，人们越来越清楚地认识到，图像处理是一门跨学科的前沿领域。图像获取涉及到各种成像设备和传感设备，人们追求高分辨率、高清晰度的图像。图像存储需要节省存储空间，产生了高效存储的问题；图像传输要求实时化；图像分析理解，要满足视觉的要求，凡此种种研究紧密地联系着计算机技术的发展。

数字图像处理技术是计算机处理任务中最重要的任务之一，也是非常考验计算机性能的一部分。并且由于图像是人对世界最直接的接触，所以人们在这一方面进行了很多次的尝试与试验，最终在短短的几十年的时间里使计算机的数字图像处理技术得到了长足的发展。计算机图像处理技术指的是借助计算机技术或计算机平台系统对图像进行处理和分析的技术，该技术能够进一步提取出图像中包含的信息。目前，该技术已经渗透到社会各个领域，通过强大的计算能力完成二维、三维图像的设计和存储，能够增强图像展示的完美性。计算机图像处理技术能够产生两种效果图，分别是数字化图像和模拟图像。其中，数字化图像具有较高的精确度，且处理方式简单；模拟图像具有输出简单的特点，但存在较大的局限性。计算机图像处理技术的主要工作内容包括：运用光学对图片进行预处理，然后再进行数字化处理，通过几何变换、数字建模、明暗处理等方式增强图像的识别性和清晰度。目前的计算机图像处理技术已经趋于成熟，可以应用到各个领域的科研、开发、生产过程中。

本书对计算机图像处理技术及其应用展开了深入研究，具体包括计算机视觉、图像处理、计算机图像处理技术、图像几何变换、Illustrator 及 Photoshop 的应用、计算机三维建模、计算机图像处理技术的具体应用等。本书的第一章介绍了计算机图像处理的基本概念，第二章介绍了计算机图像变换技术，包括傅立叶变换、离散余弦变换、离散沃尔什变换、小波变换等。第三章介绍了计算机增强技术，包括图像增强、空域变换增强、空域滤波增强、彩色增强、频域滤波增强等。第四章介绍了计算机图像压缩技术，包括图像编码算法、预测编码、变换编码和国际标准等。第五章介绍了计算机图像分割技术，包括阈值分割、边缘检测、区域分割等。第六章、第七章分别介绍了 Photoshop 和其他计算机图像处理技术的具体应用。内容十分丰富，理论与案例充实，可以为相关工作者提供一定的指导。

在编写本书的过程中，参考了国内外出版的大量书籍和论文，在此对该书中所引用书籍和论文的作者深表感谢，由于作者水平有限，书中难免有不足和不妥之处，恳请读者批评指正。

目　　录

第一章 计算机图像处理概述

第一节 计算机图像处理的基本概念

一、图像

“图”是物体投射或反射光的分布，“像”是人的视觉系统对图的接受在大脑中形成的印象或反映。图像是对客观对象的一种相似性的、生动性的描述或写照。一幅图像是其所表示物体的信息的一个浓缩和高度概括，广义地讲，凡是记录在纸介质上的，拍摄在底片和照片上的，显示在电视、投影仪和计算机屏幕上的所有具有视觉效果的画面都可以称为图像。

在日常的学习生活中，图像是必不可少的组成部分。此外，图像是人们最主要的信息源。据统计，一个人获取的信息大约 75%来自视觉。“百闻不如一见”“一目了然”都反映了图像在信息传递中的独特效果。

客观世界中的事物呈现在空间中往往是三维的，有些情况下，在客观世界得到的事物图像是二维的，那么静态图像便可以通过二维数组来展示。二维数组中的一个元素表示的是二维空间中的一个坐标点，表示该点形成的影像的某种性质。图像既反映物体的客观存在，又体现人的心理因素。与其他信息形式相比，图像具有直观、具体、生动等显著优点，可以按照图像中点的空间位置、灰度的大小变化方式、图像记录方式等对其进行分类。

（一）按图像中点的空间位置和灰度的大小变化方式分类

按图像中点的空间位置和灰度的大小变化方式，图像可分为以下两类：

（1）连续图像

连续图像指的是在二维坐标系中具有连续变化的空间位置和灰度值的图像，如彩色照片、眼睛所观察到的图像等。

（2）离散图像

离散图像指的是在空间位置上被分割成点，并且具有不同级别的灰度值的图像，如数字图像。

（二）按图像记录方式的不同分类

按图像记录方式的不同，图像可分为以下两类：

（1）模拟图像

模拟图像依靠某种物理量的强弱变化来表现图像上各个点的颜色信息。模拟图像是连续的，一幅图像可以定义为一个二维函数 $f(x, y)$ 。其中，x 和 y 是空间平面坐标，f 表示图像在点 (x, y) 处的某种性质的数值，如亮度、灰度、色度等。x、y 和 f 可以是任意实数。

（2）数字图像

为了能够使用计算机与数字通信系统对图像进行加工处理，需要把连续的模拟图像信号进行离散化（数字化），离散化后的图像就是数字图像。

①彩色图像

彩色图像指的是由多种颜色组成的图像。任何彩色图像都可由红（Red，以下简称 R）、绿（Green，以下简称 G）、蓝（Blue，以下简称 B）三种基本原色组成，利用这三种颜色能够产生不同颜色。

②灰度图像

灰度图像指的是亮度不同、没有颜色的图像，如黑白照片。也可将彩色图像转换为灰度图像，用 Y 代表亮度大小，其转换公式如下：

$$Y = 0.229R + 0.587G + 0.114B \tag{1-1}$$

③二值图像

当灰度图像的灰度仅包括两个等级时，此类图像被称为二值图像。

在“二值图像”中，“全黑”和“全白”用于描述和记录图像。二值图像所呈现的信息较少，其占用的内存也比较小。不过，二值图像通常能够去除其他干扰，突出对象最显著的特点，如二值图像在指纹图像识别和文字自动识别中的应用。

二、图像处理

图像处理是对图像信息进行一系列加工、处理与分析，以满足人的视觉心理或应用需求。图像处理可以分为以下三类：

（1）模拟图像处理

模拟图像处理包括光学透镜处理（如利用变焦镜头和鱼眼镜头对图像进行的处理）、摄影（如暗房的摄影后期处理）、广播级电视制作（如画面变换、重叠、变形）等。模拟图像处理具有实时性强、速度快、处理信息量大、分辨率高等优点。但其缺点是精度低、灵活性差，基本上没有判断功能和非线性处理功能。

（2）数字图像处理

数字图像处理即计算机图像处理，是指将图像由模拟信号转化为数字信号，并利用计算机对图像进行去噪、增强、复原、分割、提取特征等过程的处理方式。数字图像处理具有精度高、处理内容丰富、方法多样、可进行复杂的非线性处理等优点，因此具有非常灵活的适应能力。其缺点是处理速度受计算机和数字器件运算速度的限制，通常为串行处理，故处理速度相对较慢。随着计算机技术的不断发展，数字图像处理速度较慢的缺点正逐渐被克服。

（3）光电结合处理

光电结合处理是使用光学方法完成运算量较大的处理（如频谱变换等），并用计算机对光学处理结果（如频谱）进行分析和判断等。该方法是模拟图像处理与数字图像处理的有机结合，融合了二者的优点。光电结合处理是未来图像处理的发展方向，也是一个值得关注的研究领域。随着集成光学的发展和光电结合的应用，在光学计算机出现之后，图像处理技术将会有全新的重大突破。

三、计算机图像处理技术

（一）计算机图像处理技术的概念

计算机图像处理技术指的是借助计算机技术或计算机平台系统对图像进行处理和分析的技术，该技术能够进一步提取出图像中包含的信息。目前，该技术已经渗透到社会各个领域，通过强大的计算能力完成二维、三维图像的设计和存储，能够增强图像展示的完美性。计算机图像处理技术能够产生两种效果图，分别是数字化图像和模拟图像。其中，数字化图像具有较高的精确度，且处理方式简单；模拟图像具有输出简单的特点，但存在较大的局限性。计算机图像处理技术的主要工作内容包括：运用光学对图片进行预处理，然后再进行数字化处理，通过几何变换、数字建模、明暗处理等方式增强图像的识别性和清晰度。目前的计算机图像处理技术已经趋于成熟，可以应用到各个领域的科研、开发、生产过程中。

（二）计算机图像处理技术的分类

计算机图像处理技术可以分为以下几类：

（1）图像去噪技术

图像去噪技术是用来去除图像中的噪声干扰的技术，是图像复原技术的重要组成部分。在图像采集的过程中，由于系统硬件等物理因素的干扰，会导致图像采集过程中出现噪声。去噪技术通过同态滤波操作和维纳滤波操作提升已退化的图像质量，从而达到去噪效果。

（2）图像增强技术

图像增强技术能够帮助工作人员有效提取图像的关键信息，削弱无关和无用信息，主要针对原有图像画质差、目标对象与背景较为模糊的图像，通过该技术，可以提升图像对比度，提高图像画质清晰度和色彩鲜艳度。图像增强技术主要通过直方图增强法、伪色彩增强法等方法来增强图像的需求信息和必要信息，在不修改图像信息的基础上凸显图像的有用信息和数据，顺利完成目标对象和目标区域的分类。

（3）图像压缩技术

图像压缩技术能够有效提取采集的图像信息并减少图片占用的存储空间，有效删除无用信息和冗余信息。例如，电视图像会产生较大的图像数据率，通过采用图像压缩技术传播图像，能够避免传输过程中对图像的损伤，从而提高图像对比度和清晰度，进而提高图像的应用效果。

（4）图像识别技术

图像识别技术主要对图像进行准确识别和分类，主要应用于人工智能领域。通过应用该技术，能够对数据对象按照一定特征进行分组，并可以通过降维、聚类等方法找到数据的共同点，提高对象分组的效率。常见的图像识别算法有卷积神经网络、K-means 算法、YOLO 算法等。

第二节 图像处理对计算机硬件的要求

一般来说，图像处理对计算机硬件性能要求较高。高性能的硬件为图像处理提供了必要的基础条件。用于图像处理的计算机可以是普通的微型计算机、中小型计算机、大型或巨型计算机和计算机网络等，其内存和外部存储器能满足图像处理的需要，其图像处理的结果能够被高质量地显示、打印、绘制出来或以其他方式输出。同时，也应该能将需要处理的图像输入或采集到系统中。根据这些最基本的要求，我们将图像处理所使用的硬件分为计算机主机系统、图像输出设备和图像输入设备三大部分。

一、计算机主机系统

计算机主机系统是图像处理的核心，用于控制图像的输入和输出设备，最重要的是对图像信息进行加工和变换，生成最终所需的图形或图像。在图像处理过程中，计算机主机系统的选择取决于需要处理的图像的数据量、精度、最终效果和目的等多种因素。在选择主机系统时，主要应考虑计算机的类型、内存和外部存储器等方面。

（1）计算机类型

对于一般用户来说，处理图像的理想计算机是图形工作站。我们知道，图形工作站是一类超级微型计算机，它的 CPU 速度、存储能力和显示器分辨率等性能都比普通微型计算机要优越得多。图形工作站在处理图形方面的功能有特别的加强，如美国硅图公司（Silicon Graphics Inc，以下简称 SGI）的多处理器技术，使得图形工作站成为处理图像的理想工具。图形工作站可以广泛用于产品开发、模具设计、制造业、美术设计和广告制作等众多方面，能够产生十分理想的效果。

然而，工作站的高性能必然伴随着高价格，对于普通的个人用户来说，只能是望洋兴叹。幸运的是，时至今日，普通微型计算机的硬件性能已经有了显著提高，而价格也在不断降低。无论是使用 Motorola 芯片生产的个人计算机（如 Apple Macintosh）还是使用 Intel 芯片生产的个人计算机（如 Dell、Compaq、HP、Acer、联想等）都能够普遍满足一般情况下对图像处理的需求，对于非专业人员来说已经足够了。单从图像处理的角度来看，苹果公司的 Macintosh 个人电脑是较为优秀的微型计算机。然而，目前市场上的个人电脑以 Intel 芯片为 CPU 的机器占据了主流，因此普通个人用户更倾向于使用以 Intel 芯片为基础的微型计算机。一个主要原因是这类计算机拥有大量软件的支持，即使在图像处理方面也不例外。根据笔者的实践经验，如果没有特殊需求，使用以 Intel 芯片为 CPU 的微型计算机完全可以胜任一般的图像处理。现在的微型计算机的 CPU 中都自动包含有协处理器，但如果使用 Intel 80386 以前的微型计算机来处理图像，需要为它们配备协处理器以提高处理速度。

中小型计算机和大型巨型计算机的数据处理能力非常强，可以用于特殊用途的图像处理，如气象卫星云图的计算和处理、天文图像数据处理、飞行真实环境模拟等。

由于多媒体技术的成熟和通信技术的进步，在计算机网络上传递和处理图像数据成为一个普遍现象，视频会议、可视电话等新技术也正在走进我们的生活，为我们提供了图像处理的新途径。

（2）计算机内存

无论我们选择什么种类的计算机、要进行何种计算或处理，计算机的内存都是一个关键因素。在图像处理中，要处理的数据量总是很大，可以说比一般的数字处理大得多。在计算机的 CPU 等其他条件一定的情况下，内存的多少直接决定了计算机图像处理的能力和速度。在这里，所谓图像处理能力，是指如果计算机要进行某种图像处理，当内存的容量低于某个下限值时，它根本达不到最起码的要求，即根本不能完成所需要的处理；所谓图像处理速度，指的是计算机内存的容量直接影响图像处理结果计算的时间。图像处理的效率与计算机的类型、使用的操作系统、图像处理软件和计算机内存都是密切相关的。一般来说，在其他条件一定时，计算机内存容量越大，处理图像的速度就越快。一般的以 Intel 芯片为 CPU 的微型计算机，很多图像软件的运行至少要求 8MB 内存；而在 Microsoft Windows 95 上工作，则最好有 16MB 以上的内存，比较理想的内存是 32MB；如果图像软件在 Microsoft Windows NT 上工作，则至少需要 32MB 内存；如果要制作三维动画，可能要求的内存更大一些。

（3）计算机外部存储器

计算机的外部存储器包括硬盘、软盘、U 盘和光盘等。在图像处理中，它们的作用是存储图像处理的源数据、图像处理的中间结果和图像处理的最终结果数据。无论是静态图像还是动态图像，其数据量都是非常大的，这需要海量的存储器来保存数据。在当前的技术条件下，用于图像处理的计算机应该配备至少 1 000MB 以上的硬盘和一个可读写（至少有一个只读）光盘驱动器。在图像处理时，CPU 与硬盘交换数据的速度要比与其他外部存储器交换数据的速度快得多，硬盘还可以暂存要传递到其他介质（如光盘、网络等）上的图像数据。光盘驱动器提供了容量巨大的光盘存储方式，也是制作动态图像必不可少的设备。

二、图像输出设备

图像输出设备是图像处理中十分重要的设备，它们是生成图像最终成果的设备，图像的好坏优劣最终是通过输出设备表现出来的。即使得到的图像处理结果非常好，没有好的输出设备将其表现出来，也会是极大的遗憾。

在实现图像输出时，主要使用显示器、显示卡、打印机、绘图仪和视频转换卡等设备。

（1）显示器及显示卡

计算机的显示器是图像的主要输出设备之一。显示器由计算机的显示控制器或显示控制卡（简称显示卡）来实现显示任务。在图像处理中，屏幕分辨率、显示分辨率、显示卡上的存储器容量和显示器的刷新方式是最重要的性能指标。

屏幕分辨率也称为显示光栅分辨率，采用光点（显示器能显示的最小发光点）的直径来度量。这是一个与显示屏幕物理尺寸和荧光涂层质量有关的指标。光点的直径越小，显示图像的效果就越好，这是因为光点直径越小，屏幕显示的线条就越细，显示的图案就越清晰，点与点的分辨能力就越强。如果光点直径较大，就会出现屏幕显示模糊不清的现象。屏幕分辨率也可以描述为屏幕上非重叠显示的最大点数，单位是 DPI，即每英寸上可以显示的点数，这个数值被称为显示精度。光点直径和 DPI 有一定的对应关系，例如，光点直径为 0.28 毫米的显示器的显示精度约为 90DPI。

在屏幕分辨率中，屏幕的尺寸和光点直径决定了该屏幕在水平方向和垂直方向上的显示点数（光点数量），这个数值通常也称为屏幕分辨率。图形工作站上使用的图形终端显示器，采用了大屏幕尺寸和小光点直径，屏幕分辨率可达到 1600×1024；用于一般微型计算机的显示器的屏幕分辨率是 1024×768。

显示分辨率是由计算机显示卡所提供的显示模式分辨率，人们更加习惯地简称它为显示模式。在图像处理中，主要使用的是由显示卡所提供的各种不同的图形显示模式。例如，对于微型计算机使用的 VGA、Super VGA、TVGA、VESA 和 PCI 显示卡，可以提供 640×480、800×600 和 1024×768 等显示模式。显示模式与颜色数量密切相关，所以在显示分辨率后常常带有颜色数量作为进一步的说明。例如，640×480（256 色）、640×480 增强色（16 位）或 640×480 真彩色（24 位），或者更明确地表示为 640×480×256 色、640×480×16 位或 640×480×24 位。显示分辨率不同，在屏幕上显示一个像素所使用的光点数就不同。只有当显示分辨率和屏幕分辨率相同时，一个光点才显示一个像素。若显示分辨率低于屏幕分辨率，则显示一个像素需要用相邻的多个光点来显示。

显示卡上的存储器简称为显存，它的大小直接决定了所需的显示模式是否能成功地在屏幕上显示出来。要保证所需的显示模式在屏幕上能显示出来，就需要有足够容量的显存。例如，对于普通的微型计算机显示器，其屏幕分辨率为 1024×768，如果要保证 1024×768×256 色的显示模式在显示器上能够显示出来，需要的最少显存应该是：1024×768×8/8/1024=768（KB）。同理可以算出，要将 640×480 真彩色（24 位）的显示模式在屏幕上显示出来，需要的最少显存为 900 KB。因此，只要显示卡上有 1024 KB 的显存，就可以保证将 1024×768×256 色和 640×480×24 位真彩色显示出来。

（2）打印机

打印机作为图像的硬拷贝设备，主要用于将图像的处理结果记录在纸张上。可用于图像输出的打印机主要有四大类型：激光打印机、喷墨打印机、针式打印机和热转印打印机。这些打印机又有彩色打印机和黑白打印机之分。一般来说，激光打印机和热转印打印机的效果最好，其次是喷墨打印机，针式打印机的效果最差，热转印打印机主要用于图像打印。然而，这些打印机各有优缺点。激光打印机和热转印打印机效果虽好，但价格较高，彩色激光打印机价格更高，而且不能连续打印，其消耗材料也最贵；喷墨打印机价格相对较低，但对纸张质量要求高，而且有渗墨现象；针式打印机也有激光打印机和喷墨打印机所不具备的特点，它可以打印一般的蜡纸。

对于图像的打印输出，最好选择激光打印机、热转印打印机或喷墨打印机。打印机的主要技术指标是打印精度和打印速度，其他技术指标包括打印纸的幅面和机械噪音的大小等。

打印机的精度由打印机的分辨率或解析度来表示，其单位是每英寸上的点数（Dots Per Inch，以下简称 DPI），这个值越大，表示打印出的图像的精细程度就越高。对于同一品牌、同一系列的打印机来说，在其他指标相同的情况下，DPI 值越高，打印机的价格越贵。现在，激光打印机的精度一般为 600×600 DPI（前一数字表示水平方向的精度，后一数字表示垂直方向的精度，下同），最好的可达到 1200×1200 DPI；喷墨打印机的精度一般为 720×720 DPI，最好的可以达到 1440×720 DPI；针式打印机的精度一般为 180×180 DPI 或 360×360 DPI。

打印机的打印速度是决定打印机价格的另一个关键因素，它一般用每分钟多少页来度量，单位为页/分（Pages Per Minute，以下简称 PPM）。例如，HP 系列的高档激光打印机的速度可以达到 24 PPM，而一般的激光打印机的打印速度在 4~8 PPM，这是造成打印机价格悬殊的主要原因。为了使打印机在输出时不占用系统太多的时间，打印机中常设有专用的存储器作为缓存之用。打印机中包含缓存量的多少也是衡量打印机质量好坏的主要因素之一。好的热转印打印机具有 8 MB 以上的缓存，中档的激光打印机大约具有 2~4 MB 的缓存，而普通的激光打印机只有 1 MB 的缓存。

打印机可以使用的打印纸类型和幅面大小也是选用打印机时需要考虑的因素。一般来说，激光打印机不能使用连续打印纸，多数喷墨打印机也不能使用连续打印纸，但有些喷墨打印机可以使用连续打印纸和非连续打印纸（主要是复印纸）。非连续打印纸以复印纸大小作为衡量标准，如 A4 幅面的打印机。

（3）绘图仪

绘图仪可以将计算机生成的线形图形绘制在纸上，尤其适合二维平面图的绘制。绘图仪中最常用的是笔式绘图仪。当然，许多绘图仪实际上还采用了激光、喷墨和静电等新技术。与前面介绍的打印机不同，绘图仪要求使用独立的软件命令来控制其工作，即从计算机到绘图仪的输出是通过程序化的命令序列来实现的。

就笔式绘图仪而言，一般分为单支笔和多支笔，它们在命令序列的控制下进行取笔、换笔、绘图、提笔和放笔等操作。笔式绘图工具可分为湿墨型、球型和毡笔型等。绘图仪主要包括平板式和滚筒式两大类。前者用于绘制小幅面的图形，后者用于绘制大幅面的图形。

平板式绘图仪的垂直杆可以在绘图平板上水平移动，垂直杆上的握笔器可以上下移动。在垂直杆和握笔器移动时，平板上的纸是固定的，握笔器的移动可以带动笔在纸上绘制出相应的图形。

滚筒式绘图仪的机架是静止的，笔可以在托架上移动，绘图纸在滚筒的带动下可以上下移动，笔被控制在运动的纸上进行绘图。

（4）视频转换卡

视频转换卡是一种新型的图像拷贝输出设备，它可以将计算机上显示或播放的静态图像或动态图像转换成一般的电视视频信号，供录像机录制或实时传输。从功能上讲，视频转换卡把计算机的 VGA 数字信号转换为 TV 模拟视频信号，因此这种转换卡被称为 VGA->TV 卡（转换卡）。

VGA->TV 转换卡的主要技术指标包括其所支持的视频信号制式标准、分辨率、色彩数量和无颤动性等。视频转换卡总是与视频信号制式（即电视信号的制式）标准相联系的，即视频卡的设计是基于视频信号的制式的。使用最多的标准制式有两个：NTSC 制式和 PAL 制式。两种制式对应的计算机图像分辨率是不同的。NTSC 制式对应的分辨率为 640×480，PAL 制式对应的分辨率为 800×600。为了使购买的视频转换卡获得真正满意的效果，在我国电视信号采用 PAL 制式的前提下，要想将 VGA 信号转换为 PAL 视频信号，选用的视频转换卡必须支持 800×600 的分辨率。

视频转换卡所支持的色彩数量是衡量视频转换卡转换后色彩是否逼真的一个指标。通常有 256 色、32K（即 32768）色、64K（即 65536）色和 16M 色等。色彩越多，转换效果越好。

视频卡在将 VGA 信号转换成视频信号时，是否存在图像颤动也是很重要的。无颤动的视频转换卡优于有颤动的卡。

三、图像输入设备

在图像处理中，还有一类设备是相当重要的，它们用于将图形或图像输入或采集到计算机中，也就是提供图像处理的加工对象，以便将来对这些录入的图像进行加工处理，最终生成所需的图像。

现在广泛使用的图像输入设备主要包括数字化仪、图像扫描仪、数码相机和视频采集卡等。其中，数字化仪主要用于图形的输入，而图像扫描仪和数码相机用于静态图像的输入，视频采集卡则用于运动图像的输入。以下对这些设备进行简单的介绍：

（1）数字化仪

数字化仪也被称为图形输入板，它是一种输入线形图形的计算机外部设备。数字化仪通过在图形板平面上选择相应的点来确定屏幕位置。它可以通过一个类似鼠标大小的手动光标块，借助屏幕上的十字线来完成图形输入，或者通过一个类似铅笔的触针来输入图形板上点的位置。数字化仪提供了一个选择坐标位置的准确方法，十字线和触针在图形板表面移动时，不会遮住显示屏的任何部分，也不会妨碍用户的观察视线。在实际输入图形时，通常的做法是将线形图纸覆盖在图形板平面上并固定好，然后在平面上选定位置，输入图形时，通过手动块或触针上的相应按钮激活，再选择其他按钮，这样手动块或触针在图形板上沿图形线移动时即可输入一个点或一串点，从而将图形输入到计算机之中。

从原理上讲，数字化仪可以分成网格线电容或电磁场识别方式和声波探测识别方式。网格线电容或电磁场识别方式的数字化仪，其图形板上有矩形网状结构，它们由输入板表面上的导线构成，每根导线的电压有微小差别，每根导线的电压值是与导线的坐标位置相关的。水平方向和垂直方向上导线间的电压之差，对应显示屏上对应方向上的坐标差。通过激活图形输入板上某点的手动块或触针，该点的电压值就被记录下来，然后电压值又被转换成图形程序中使用的坐标。有些数字化仪则使用电磁场来记录坐标的位置，这种情况下通常用触针来探测导线网格中编码脉冲或相位的移动，以此来确定坐标的位置。

声波探测识别方式的数字化仪使用声波原理，它由两个相互垂直的条状麦克风构成，条状麦克风用来探测来自触针针尖的电火花所发出的声音。根据在两个麦克风中产生声音的到达时间即可计算出触针的位置。另外，在某些系统中用点麦克风来代替较大的条状麦克风。点麦克风系统的体积较小，但其作用范围比条状麦克风小。

（2）图像扫描仪

要进行图像处理，就需要图像源。好的画片或照片都可以作为图像源，在录入计算机后便可以进一步加工，最后生成需要的图像。

要将现存的图片或照片录入到计算机中，为图像处理提供必要的素材，就要使用扫描仪。扫描仪是一种光机电一体化的高科技产品，是将各种静止图像信息录入计算机的重要工具。通过扫描仪我们就可以将图片或照片的内容扫描并转换成符合要求的格式的图像文件。

扫描仪有彩色和黑白之分，如果根据扫描原理的差异来分类，扫描仪可分为鼓式、台式、手持式和专用光电阅读器等四种。台式扫描仪又包括平板式扫描仪和滚筒式扫描仪两种。一般来讲，平板式扫描仪是比较理想的一种扫描仪类型。现在又出现了专用于文档扫描的文档扫描仪。

扫描仪的主要技术指标包括最高分辨率、最大可扫描幅面、扫描次数、最大彩色位数和接口方式等。

（3）数码相机

数码相机是一种新型的静态图像录入设备，它结合了传统照相机和图像扫描仪的优点，可以将拍摄的景物图像直接以数字化信息保存在数码相机中，然后通过相应的软件将保存在数码相机中的图像读入到计算机中。

（4）视频采集卡

视频采集卡是一种动态图像录入设备。它可以将来自闭路电视、录像机或摄像机的视频信号采集下来并记录在计算机中，在采集的过程中进行必要的实时压缩，并在计算机的硬盘上保存为动态图像。这种将视频信号采集到计算机的处理，实际上可以看作是视频信号的录入。我们常听说的视霸卡就是视频采集卡，它是由新加坡创新科技有限公司研制生产的视频采集卡系列。视频采集卡的主要技术指标包括它所支持的视频信号制式、采集方式、采集视频图像的最大分辨率及采样速度等。一般视频采集卡应同时支持多种制式的视频输入信号，这样才能保证采集的视频图像有丰富的源信号。

视频采集卡的采样方式包括自动方式、手动方式和单帧方式，分别用于不同目的的图像采集。使用单帧方式可以采集分辨率较高的一帧图像并保存为静态图像。采集视频图像的最大分辨率及采样速度是最为关键的参数，例如一般的视频采集卡最大只能将视频图像采集为320×240的动态图像，其采样速度可以达到每秒30帧；这显然不能满足制作VCD的要求。

VCD要求的图像大小及帧率是：NTSC制式为352×240/29.97 Hz或352×240/23.976 Hz，而PAL制式为352×288/25 Hz。这也就是说，如果要用视频采集卡来采集视频图像并压缩为制作VCD所需的MPEG视频图像流，则应该选择支持采集图像大小为352×240（NTSC）和352×288（PAL）的视频采集卡，其采样速度要达到每秒约30帧或24帧（NTSC）或每秒约25帧（PAL）。

第三节 计算机图像的处理基础

计算机图像处理的主要操作包括：部分图像对象的选择；图像颜色模式变换；大小缩放、剪切、翻转、旋转、扭曲；多幅图像的编辑、合成；添加马赛克、模糊、玻璃化、水印等特殊效果；图像文件格式转换和打印输出等。下面主要介绍 Photoshop 的应用技术：

（一）图像文件基本操作

图像文件基本操作包括打开图像、新建图像和保存图像。图像可以直接保存，也可以保存为 Web 所用文件。创建新图像文件需要设定图像的高度、宽度、色彩模式、背景颜色和分辨率。

因为图像附着在画布上，所以旋转画布时，画布上的图像、图层、通道等所有元素随之旋转。如果只想旋转部分图像，应使用编辑菜单中的“变换”工具。

可以利用各种工具（如缩放工具、抓手工具、导航器面板）改变图像显示方式。可使用裁剪工具保留部分图像。

（二）颜色选择

图像的背景色是删除背景图层的内容后显示的颜色，前景色是用画笔工具涂抹的颜色，两者可以相互切换。使用拾色器可以选择颜色，注意“打印时颜色超出色域”“不是 Web 安全颜色”两种色彩提示，也可以选择“仅 Web 颜色”，使得颜色可以在网络上正常显示。Photoshop 可提供各种色彩模式来选择颜色。

（三）使用选区

Photoshop 可以用各种方法指定选区：一是根据图像形态，用选框工具和套索工具指定选区；二是根据颜色信息，用磁性套索工具和魔棒工具指定选区。还可以用蒙版工具来选择复杂的图像，白色画笔工具涂抹到的地方将被设置为选区，用橡皮擦工具（或黑色画笔）消除选区。

对于所有选择工具，直接使用可以设定新选区；按住“Shift”键，将在选区基础上添加选区；按住“Alt”键，将从选区中删除后选的区域。也可以用“选择”→“取消选区”命令取消选区，或直接用“Ctrl+D”组合键来取消选区。

第二章 计算机图像变换技术

第一节 图像变换概述

在数字信号处理技术中，常需要将原定义在时域空间的信号以某种形式转换到频域空间，并利用频域空间的特有性质对其进行定量加工，最后转换回时域空间，以得到所需的效果。在数字图像处理过程中，这一方法仍然有效。图像函数经过频域变换后处理起来更加简单和方便，在图像去噪、图像压缩、特征提取和图像识别方面发挥着重要的作用。由于这种变换是相对于图像函数而言的，所以称为图像变换。在图像处理和分析技术的发展中，傅立叶变换是图像变换的典型代表，一直以来在图像处理和分析技术中起着重要的作用。

为了有效且快速地对图像进行处理和分析，需要将原定义在图像空间的图像以某种形式转换到另外的空间，利用该空间的特有性质对其进行一定的加工，最后再转换回图像空间，以得到所需的效果，这个过程被称为图像变换。图像变换是以数学为工具的许多图像处理和分析技术的基础，把图像从一个空间变换到另一个空间，有利于实施如滤除噪声等不必要信息的加工、处理，能加强或提取图像中感兴趣的部分或特征。

空域图像通过各个像素点间不同的灰度信息来区分画面内容，它是人类视觉所看到的图像，其信息具有很强的相关性，并且以人类易于理解的画面形式存在。而对于频域图像而言，幅值和频率是常用的图像描述方式。频域图像的画面内容较为抽象，不易理解，但图像变换技术是对图像信息进行变换，图像画面不同只是由于域空间的不同导致的画面内容差异，但图像包含的信息并没有改变。只需将图像重新转换到人们易于理解的空域，即可得到熟悉且易懂的画面内容。

第二节 傅立叶变换

一、傅立叶变换基础

用户常常根据自身需要来选择图像是在空域还是在频域工作，并在必要时使图像在不同域之间相互转换。傅立叶变换提供了一种将图像从空域变换到频域的手段。由于使用傅立叶变换表示的函数特征可以通过傅立叶反变换在不丢失任何信息的前提下进行重建，因此它可以较为完美地使图像从频域转换回空域。

时间域也称时域，指从时间的范畴研究振动，其横坐标是时间，纵坐标是振幅。在时域内，振动的振幅随时间做连续变化的图形称为波形。若在满足采样定理的前提下，取合适的采样间隔，将波形在一定时间间隔上采样，所取得的振幅值就可以以一种离散的形式描述振动的波形。频域指从频率角度分析函数，与时域相对存在。在频域中，纵坐标也是振幅，但与时域不同的是，频域中的横坐标变为频率，而非时间。傅立叶变换就是在以“时间”为自变量的“信号”和以“频率”为自变量的“频谱”函数之间建立的一种变换关系。

举一个易于理解的例子来简单说明时域与频域：我们看到的世界都以时间贯穿，股票的走势、人的身高、汽车的轨迹都会随着时间而发生改变。这种以时间作为参照来观察动态世界的方法称为时域分析。我们理所当然地认为，世间万物都在随着时间不停地改变，并且永远不会静止下来。但如果用另一种方法来观察世界，你会发现世界是永恒不变的，这个静止的世界就称为频域。例如，我们认为音乐是一个随着时间变化的振动，但如果站在频域的角度来看，音乐就是一个随着频率变化的振动。因为在频域中没有时间的概念，因此从频域的角度来看，音乐是静止的。由此可见，当我们站在时域的角度观察频域的世界时，看到的自然是一个静止的频域世界。将这种神奇的域空间关系应用于图像处理领域，就能完成一些在空域中难以完成的工作。

在图 2-1 中，第一幅图是 1 个正弦波，第二幅图是 2 个正弦波的叠加，第三幅图是 7 个正弦波的叠加，第四幅图是 13 个正弦波的叠加。随着叠加的递增，正弦波中原本缓慢上升下降的曲线变得陡峭，但众多较为陡峭的曲线的集合使得原本的正弦波趋于水平线，因此一个矩形就这么叠加而成了。但是，要多少个正弦波叠加起来才能形成一个标准 90° 角的矩形波呢？答案是无穷多个。因为正弦波的个数可以有无数个，而这无数个正弦波的振幅、频率（周期）又各不相同。因此，不仅仅是矩形，你能想到的任何波形都可以用正弦波用此方法叠加起来，即任何函数的波形都可以用正弦波的叠加来构成。

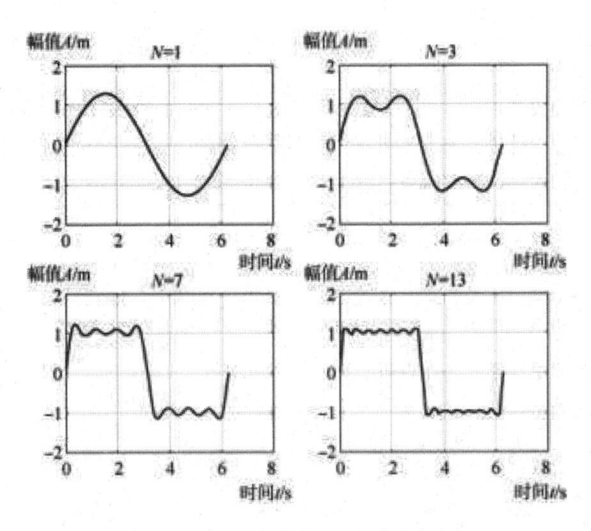

图 2-1 不同个数的正弦波叠加图

换个角度看正弦波累加成矩形波的过程，如图 2-2 所示，图中最前面的黑色线条就是所有正弦波叠加而成的总和，也就是越来越接近矩形波的那个图形。而后面依不同颜色排列的正弦波就是组成矩形波的各个分量，这些正弦波按照频率从低到高，从前向后排列开来，且每一个波的振幅都是不同的。每两个正弦波之间有一条直线，那并不是分割线，而是振幅为 0 的正弦波。通过傅立叶分解，可以将原始函数 $f(x)$ 展开为一系列不同频率的正弦、余弦函数的加权和。

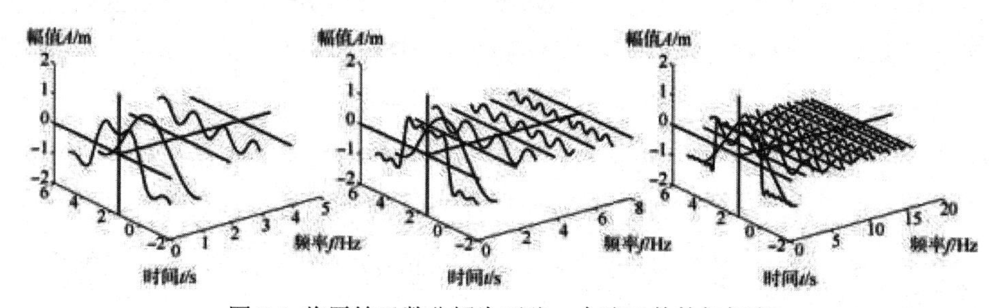

图 2-2 将原始函数分解为正弦、余弦函数的加权和

如图 2-3 所示，通过时域到频域的变换，我们可以得到一个从侧面看的频谱。许多在时域看似不可能做到的数学操作，在频域则很容易实现，这就是需要傅立叶变换的原因。尤其是从某条曲线中去除一些特定的频率成分（这在工程上称为滤波，是信号处理最重要的概念之一），只有在频域中才能轻松地实现。

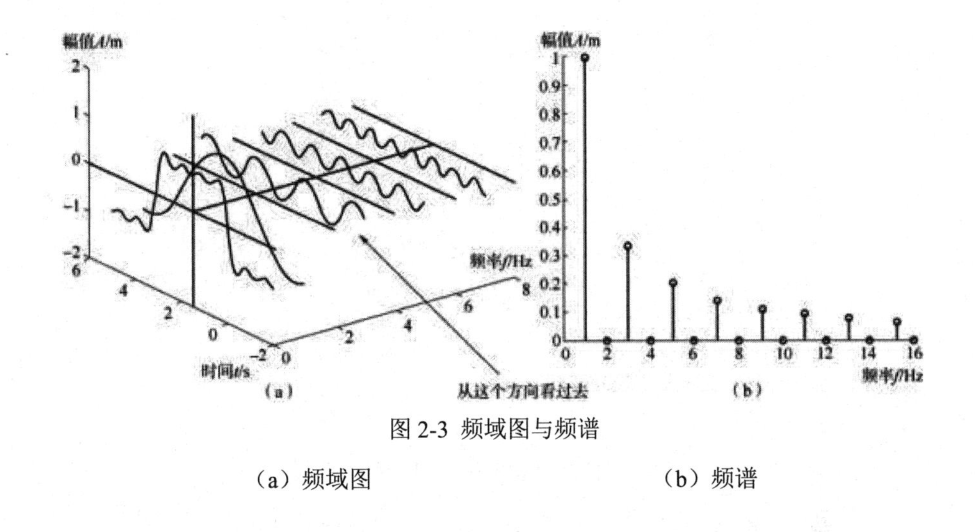

图 2-3 频域图与频谱

（a）频域图　　　　（b）频谱

在基础的正弦波中，振幅、频率、相位缺一不可，因为频谱只代表每一个对应正弦波的振幅，而没有提到相位，即频谱中并没有包含时域中全部的信息。相位决定了正弦波的位置，所以对于频域分析，仅仅有频谱（振幅谱）是不够的，我们还需要一个相位谱。鉴于正弦波是周期性的，因而在正弦波上取点来标记正弦波的位置，并将其投影到下平面的点即可表示波峰所处的位置离频率轴的距离。不过，这个值并不是相位值。在完整的立体图中，我们将投影得到的时间差依次除以所在频率的周期，就得到了图 2-4（b）最下面的相位谱。

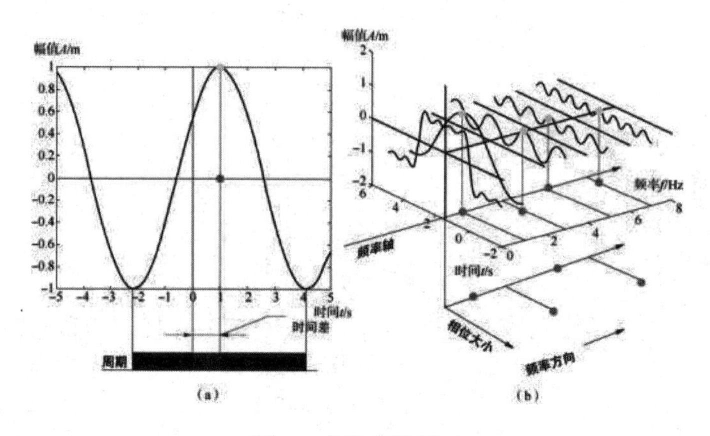

图 2-4 相位相关图示

（a）正弦波图解 （b）相频特性曲线

时域图像、频域图像、相位谱在一张图中的情况如图 2-5 所示。

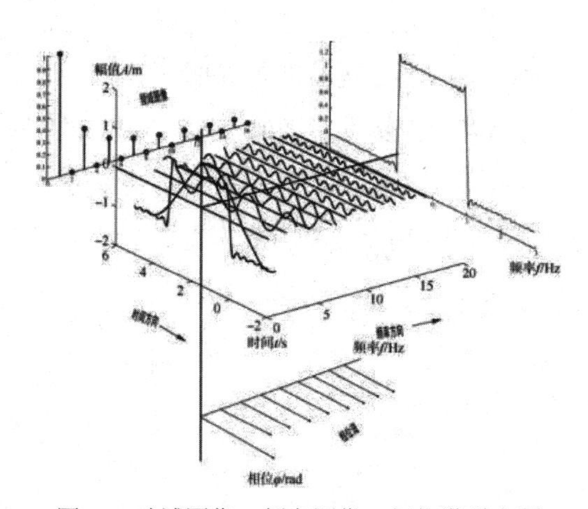

图 2-5 时域图像、频率图像、相位谱联合图

傅立叶原理表明，任何连续测量的时序或信号，都可以表示为不同频率的正弦波信号的无限叠加，而正弦函数在物理上是被充分研究且相对简单的函数类别。根据该原理创立的傅立叶变换算法利用直接测量到的原始信号，以累加

的方式来计算该信号中不同正弦波信号的频率、振幅和相位。在不同的研究领域，傅立叶变换具有多种不同的变体形式，如连续傅立叶变换、离散傅立叶变换、快速傅立叶变换、短时傅立叶变换等。在数字图像处理中，使用较多的是二维离散傅立叶变换。

二、傅立叶变换及其反变换

（一）一维连续傅立叶变换及反变换

假设 $f(x)$ 为实变量 x 的一维连续函数，当 $f(x)$ 满足狄利克雷条件，即 $f(x)$ 具有有限个间断点、有限个极值点且绝对可积时，其傅立叶变换和反变换一定存在（在实际应用中，这些条件基本上均可满足），$f(x)$ 的傅立叶变换以 $F(u)$ 来表示，即：

$$F(u)=\int_{-\infty}^{+\infty} f(x)\mathrm{e}^{-\mathrm{j}2\pi ux}\mathrm{d}x \tag{2-1}$$

式中，$F(u)$ 表示 $f(x)$ 的傅立叶变换；

j 表示虚数单位，$j^2=-1$；

u 表示频率变量。

给定 $F(u)$，通过傅立叶反变换可以得到 $f(x)$ 为：

$$f(x)=\int_{-\infty}^{+\infty} F(u)\mathrm{e}^{\mathrm{j}2\pi ux}\mathrm{d}u \tag{2-2}$$

式中各字母的含义同式（2-1）。

（二）二维连续傅立叶变换及反变换

二维连续函数 $f(x, y)$ 的傅立叶变换 $F(u, v)$ 定义为：

$$F(u,v)=\int_{-\infty}^{\infty}\int_{-\infty}^{\infty} f(x,y)\mathrm{e}^{-\mathrm{j}2\pi(ux+vy)}\mathrm{d}x\mathrm{d}y \tag{2-3}$$

式中，j 表示虚数单位，$j^2=-1$；

u、v 表示频率变量。

给定 F（u，v），通过傅立叶反变换可以得到 f（x，y）为：

$$f(x,y)=\int_{-\infty}^{\infty}\int_{-\infty}^{\infty}F(u,v)\mathrm{e}^{\mathrm{j}2\pi(ux+vy)}\mathrm{d}u\mathrm{d}v \tag{2-4}$$

式中各字母含义同式（2-3）。

（三）一维离散傅立叶变换及反变换

单变量离散函数 f（x）（x=0，1，2，…，M—1）的傅立叶变换 F（u）定义为：

$$F(u)=\frac{1}{M}\sum_{x=0}^{M-1}f(x)\,\mathrm{e}^{-\mathrm{j}2\pi ux/M},u=0,1,2,\cdots,M-1 \tag{2-5}$$

式中：x 表示离散实变量；

u 表示离散频率变量。

给定 F（u），通过傅立叶反变换可以得到 f（x）为：

$$f(x)=\sum_{u=0}^{M-1}F(u)\,\mathrm{e}^{\mathrm{j}2\pi ux/M},x=0,1,2,\cdots,M-1 \tag{2-6}$$

式中各字母含义同式（2-5）。

由欧拉公式可得：

$$\begin{aligned}F(u)&=\frac{1}{M}\sum_{x=0}^{M-1}f(x)\,\mathrm{e}^{\mathrm{j}(-2\pi ux)/M}\\&=\frac{1}{M}\sum_{x=0}^{M-1}f(x)\left[\cos(-2\pi ux)/M+\mathrm{j}\sin(-2\pi ux)/M\right]\\&=\frac{1}{M}\sum_{x=0}^{M-1}f(x)\cos 2\pi ux/M-\mathrm{j}\sin 2\pi ux/M\end{aligned} \tag{2-7}$$

傅立叶变换的极坐标表示为：

$$F(u)=\left|F(u)\right|\mathrm{e}^{-\mathrm{j}\varphi(u)} \tag{2-8}$$

式中，｜F（u）｜表示幅度或频率谱；

φ（u）表示相角或相位谱。

幅度或频率谱表示为：

$$\left|F(u)\right|=\left[R(u)^2+I(u)^2\right]^{\frac{1}{2}} \tag{2-9}$$

式中，R（u）表示 F（u）的实部；

I（u）表示 F（u）的虚部。

相角或相位谱表示为：

$$\varphi(u)=\arctan\left[\frac{I(u)}{R(u)}\right] \tag{2-10}$$

功率谱表示为：

$$P(u)=\left|F(u)\right|^2=R(u)^2+I(u)^2 \tag{2-11}$$

f（x）的离散表示为：

$$f(x)\cong f(x_0+x\Delta x), x=0,1,2,\cdots,M-1 \tag{2-12}$$

F（u）的离散表示为：

$$F(u)\cong F(u\Delta u), u=0,1,2,\cdots,M-1 \tag{2-13}$$

（四）二维离散傅立叶变换及反变换

图像尺寸为 $M\times N$ 的函数 f（x，y）的离散傅立叶变换为：

$$F(u,v)=\frac{1}{MN}\sum_{x=0}^{M-1}\sum_{y=0}^{N-1}f(x,y)\,\mathrm{e}^{-\mathrm{j}2\pi(ux/M+vy/N)}, u=0,1,2,\cdots,M-1, v=0,1,2,\cdots,N-1 \tag{2-14}$$

给出 F（u，v），可通过离散傅立叶反变换得到 f（x，y）为：

$$f(x,y)=\sum_{u=0}^{M-1}\sum_{v=0}^{N-1}F(u,v)\,\mathrm{e}^{\mathrm{j}2\pi(ux/M+vy/N)},x=0,1,2,\cdots,M-1,y=0,1,2,\cdots,N-1 \tag{2-15}$$

式中，u，v 表示频率变量；

x，y 表示空间或图像变量。

二维离散傅立叶变换的极坐标表示为：

$$F(u,v)=\left|F(u,v)\right|\mathrm{e}^{-\mathrm{j}\varphi(u,v)} \tag{2-16}$$

幅度或频率谱表示为：

$$\left|F(u,v)\right|=\left[R(u,v)^2+I(u,v)^2\right]^{\frac{1}{2}} \tag{2-17}$$

式中，R（u，v）表示 F（u，v）的实部；

I（u，v）表示 F（u，v）的虚部。

相角或相位谱表示为：

$$\varphi(u,v)=\arctan\left[\frac{I(u,v)}{R(u,v)}\right] \tag{2-18}$$

功率谱表示为：

$$P(u,v)=\left|F(u,v)\right|^2=R(u,v)^2+I(u,v)^2 \tag{2-19}$$

三、傅立叶变换的性质

注：以⇔表示函数和其傅立叶变换的对应性。

（1）平移性质

$$f(x,y)\,\mathrm{e}^{\mathrm{j}2\pi(u_0x/M+v_0y/N)}\Leftrightarrow F(u-u_0,v-v_0) \tag{2-20}$$

$$f(x-x_0,y-y_0)\Leftrightarrow F(u,v)\mathrm{e}^{-\mathrm{j}2\pi(ux_0/M+vy_0/N)} \tag{2-21}$$

式（2-20）表明将 f（x，y）与一个指数项相乘就相当于把其变换后的频域中心移动到新的位置；式（2-21）表明将 F（u，v）与一个指数项相乘就相当于把其变换后的空域中心移动到新的位置，且对 f（x，y）的平移不影响其傅立叶变换的幅值。

当 $u_0=M/2$ 且 $v_0=N/2$，有：

$$\mathrm{e}^{\mathrm{j}2\pi(u_0x/M+v_0y/N)}=\mathrm{e}^{\mathrm{j}\pi(x+y)}=(-1)^{x+y} \tag{2-22}$$

代入式（2-20）和式（2-21），得到：

$$f(x,y)(-1)^{x+y}\Leftrightarrow F(u-M/2,v-N/2) \tag{2-23}$$

$$f(x-M/2,y-N/2)\Leftrightarrow F(u,v)(-1)^{u+v} \tag{2-24}$$

（2）分配率

根据傅立叶变换的定义，可得：

$$I\left[f_1(x,y)+f_2(x,y)\right]=I\left[f_1(x,y)\right]+I\left[f_2(x,y)\right] \tag{2-25}$$

$$I\left[f_1(x,y)f_2(x,y)\right]\neq I\left[f_1(x,y)\right]I\left[f_2(x,y)\right] \tag{2-26}$$

上述公式表明，傅立叶变换对加法满足分配律，但对乘法则不满足。

（3）尺度变换（缩放）

给定 2 个标量 a 和 b，可以证明傅立叶变换对下列 2 个公式成立。

$$af(x,y)\Leftrightarrow aF(u,v) \tag{2-27}$$

$$f(ax,ay)\Leftrightarrow\frac{1}{|ab|}F(u/a,v/b) \tag{2-28}$$

（4）旋转性

引入极坐标 $x=r\cos\theta$，$y=r\sin\theta$，$u=w\cos\phi$，$v=w\sin\phi$，将 $f(x,y)$ 和 $F(u,v)$ 转换为 $f(r,\theta)$ 和 $F(\omega,\phi)$，将它们代入傅立叶变换公式，可以得到：

$$f(r,\theta+\theta_0)\Leftrightarrow F(w,\varphi+\theta_0) \tag{2-29}$$

由上式可知，$f(x,y)$ 旋转角度 θ_0，$F(u,v)$ 也将转过相同的角度；$F(u,v)$ 旋转角度 θ_0，$f(x,y)$ 也将转过相同的角度。

（5）周期性和共轭对称性

周期性和共轭对称性的表达式为：

$$F(u,v)=F(u+M,v)=F(u,v+N)=F(u+M,v+N) \tag{2-30}$$

$$f(x,y)=f(x+M,y)=f(x,y+N)=f(x+M,y+N) \tag{2-31}$$

上述公式表明，尽管 u 和 v 的值重复出现无穷次，但只需根据在一个周期里出现的 N 次值就可以由 $F(u,v)$ 得到 $f(x,y)$，即只需一个周期里的变换就可以完全确定频域里的 $F(u,v)$。同样的结论对 $f(x,y)$ 在空域中时也成立。

如果 $f(x,y)$ 是实函数，则它的傅立叶变换具有共轭对称性，表示为：

$$F(u,v)=F^*(-u,-v) \tag{2-32}$$

$$|F(u,v)|=|F(-u,-v)| \tag{2-33}$$

式中，$F^*(u,v)$ 表示 $F(u,v)$ 的复共轭。

注：当两个复数的实部相等，虚部互为相反数时，这两个复数称为互为共轭复数。对于一维变换 $f(x)$，周期性是指 $f(x)$ 的周期长度为 M，对称性是指频谱关于原点对称。

（6）分离性

分离性的表达式为：

$$\begin{aligned} F(u,v) &= \frac{1}{M}\sum_{x=0}^{M-1}\mathrm{e}^{-\mathrm{j}2\pi u_x/M}\ \frac{1}{N}\sum_{Y=0}^{N-1}f(x,y)\mathrm{e}^{-\mathrm{j}2\pi u_y/N} \\ &= \frac{1}{M}\sum_{x=0}^{M-1}\mathrm{e}^{-\mathrm{j}2\pi u_x/M}F(x,v) \end{aligned} \tag{2-34}$$

式中的 F（x，v）是沿着 f（x，y）的一行进行傅立叶变换所得到的，即当 x=0，1，…，M−1 时，沿着 f（x，y）的所有行计算傅立叶变换。

由图 2-6 可知，先通过沿输入图像的每一行计算一维变换，再沿中间结果的每一列计算一维变换，即可将二维傅立叶变换作为一系列的一维变换进行计算。当然，也可以改变上述顺序，即先计算列再计算行。上述类似的过程也可以用于计算二维傅立叶反变换。

（7）平均值

由二维傅立叶变换的定义得：

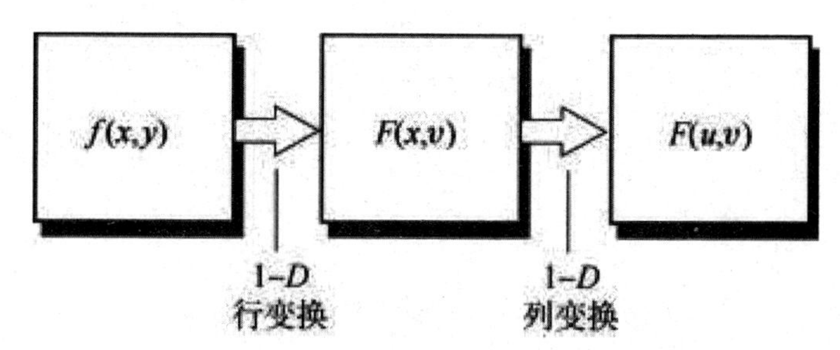

图 2-6 二维傅立叶变换作为一维变换的计算

$$F(u,v) = \frac{1}{MN}\sum_{x=0}^{M-1}\sum_{Y=0}^{N-1}f(x,y)\mathrm{e}^{-\mathrm{j}2\pi(u_x/M+v_y/N)} \tag{2-35}$$

所以

$$F(0,0)=\frac{1}{MN}\sum_{x=0}^{M-1}\sum_{Y=0}^{N-1}f(x,y) \tag{2-36}$$

而

$$\overline{f}(x,y)=\frac{1}{MN}\sum_{x=0}^{M-1}\sum_{Y=0}^{N-1}f(x,y) \tag{2-37}$$

所以

$$\overline{f}(x,y)=F(0,0) \tag{2-38}$$

上式说明，如果f（x，y）是一幅图像，在原点的傅立叶变换即等于图像的平均灰度级。

（8）卷积理论

大小为$M \times N$的两个函数f（x，y）和h（x，y）的离散卷积为：

$$f(x,y)*h(x,y)=\frac{1}{MN}\sum_{x=0}^{M-1}\sum_{Y=0}^{N-1}f(m,n)h(x-m,y-n) \tag{2-39}$$

卷积定理为：

$$f(x,y)*h(x,y)\Leftrightarrow F(u,v)H(u,v) \tag{2-40}$$

$$f(x,y)*h(x,y)\Leftrightarrow F(u,v)*H(u,v) \tag{2-41}$$

（9）相关性理论

大小为$M \times N$的两个函数f（x，y）和h（x，y）的相关性定义为：

$$f(x,y)\circ h(x,y)=\frac{1}{MN}\sum_{m=0}^{M-1}\sum_{n=0}^{N-1}f^{*}(m,n)h(x+m,y+n) \tag{2-42}$$

式中，f^*表示f的复共轭。对于实函数，有$f^*=f$，以下相关定理皆成立。

$$f(x,y)\circ h(x,y) \Leftrightarrow F^*(u,v)H(u,v) \tag{2-43}$$

$$f^*(x,y)h(x,y) \Leftrightarrow F(u,v)\circ H(u,v) \tag{2-44}$$

自相关理论为：

$$f(x,y)\circ h(x,y) \Leftrightarrow \left|F(u,v)\right|^2 = R(u,v)^2 + I(u,v)^2 \tag{2-45}$$

$$\left|f(x,y)\right|^2 \Leftrightarrow F(u,v)\circ F(u,v) \tag{2-46}$$

注：复数和它的复共轭的乘积是复数模的平方。

第三节 离散余弦变换

如果函数$f(x)$为一个连续的实偶函数，即$f(x)=f(-x)$，则此函数的傅立叶变换为：

$$\begin{aligned} F(u) &= \int_{-\infty}^{+\infty} f(x)\,\mathrm{e}^{-\mathrm{j}2\pi ux}\mathrm{d}x \\ &= \int_{-\infty}^{+\infty} f(x)\cos(2\pi ux)\mathrm{d}x - \mathrm{j}\int_{-\infty}^{+\infty} f(x)\sin(2\pi ux)\mathrm{d}x \\ &= \int_{-\infty}^{+\infty} f(x)\cos(2\pi ux)\mathrm{d}x \end{aligned} \tag{2-47}$$

因为虚部的被积项为奇函数，傅立叶变换的虚数项为0。由于变换后的结果仅含有余弦项，因此称为余弦变换。余弦变换是傅立叶变换的特例。

在傅立叶级数展开式中，如果被展开的函数是实偶函数，那么其傅立叶级数中只包含余弦项。将其离散化后，可以导出余弦变换，或称为离散余弦变换。离散余弦变换的作用就是把图像的点与点之间的规律呈现出来。离散余弦变换经常用于对信号和图像（包括图像和视频）进行有损压缩，因为离散余弦变换具有很强的“能量集中”的特性，大多数自然信号的能量都集中在离散余弦变换后的低频部分。

一、一维离散余弦变换及其反变换

单变量离散函数f（x）（x=0，1，2，…，N−1）的离散余弦变换T（u）定义为：

$$T(u)=\alpha(u)\sum_{x=0}^{N-1}f(x)\cos\left[\frac{(2x+1)u\pi}{2N}\right],u=0,1,\cdots,N-1 \tag{2-48}$$

给定T（u），通过离散余弦反变换可以得到f（x）为：

$$f(x)=\sum_{x=0}^{N-1}\alpha(u)T(u)\cos\left[\frac{(2x+1)u\pi}{2N}\right],x=0,1,\cdots,N-1 \tag{2-49}$$

在式（2-48）和式（2-49）中，x为离散实变量，u为离散频率变量，且α（u）的值为：

$$\alpha(u)=\begin{cases}\sqrt{1/N} & \text{当}u=0\\ \sqrt{2/N} & \text{当}u=1,2,\cdots,N-1\end{cases} \tag{2-50}$$

二、二维离散余弦变换及其反变换

图像尺寸为$M\times N$的f（x，y）函数的离散余弦变换为：

$$T(u,v)=\alpha(u)\alpha(v)\sum_{x=0}^{N-1}\sum_{y=0}^{N-1}f(x,y)\cos\left[\frac{(2x+1)u\pi}{2N}\right]\cos\left[\frac{(2x+1)v\pi}{2N}\right],u,v$$
$$=0,1,\cdots,N-1$$

（2-51）

给出 F（u，v），可通过离散傅立叶反变换得到 f（x，y）为：

$$f(x,y)=\sum_{x=0}^{N-1}\sum_{y=0}^{N-1}\alpha(u)\alpha(v)T(u,v)\cos\left[\frac{(2x+1)u\pi}{2N}\right]\cos\left[\frac{(2x+1)v\pi}{2N}\right],x,y$$
$$=0,1,\cdots,N-1$$

（2-52）

式中，u、v 表示频率变量；

x，y 表示空间或图像变量；

α（u），α（v）表示补偿系数。

α（u）和 α（v）的值为：

$$\alpha(u)=\begin{cases}\sqrt{1/N} & 当u=0\\ \sqrt{2/N} & 当u=1,2,\cdots,N-1\end{cases}$$ （2-53）

$$\alpha(v)=\begin{cases}\sqrt{1/N} & 当v=0\\ \sqrt{2/N} & 当v=1,2,\cdots,N-1\end{cases}$$ （2-54）

第四节 离散沃尔什变换

傅立叶变换和余弦变换的变换核由正弦、余弦函数组成。在特定问题中，常常引入不同的变换方法，以求运算简便，且便于生成变换核矩阵。沃尔什变换压缩效率低，实际使用并不多，但它的计算速度快，计算时只需加减和偶尔的右移操作，其变换矩阵简单（只有 1 和－1），占用存储空间少。

一、一维离散沃尔什变换及其反变换

单变量离散函数 $f(x)$（x＝0，1，2，…，N－1）的离散沃尔什变换 $B(u)$ 定义为：

$$B(u)=\frac{1}{N}\sum_{x=0}^{N-1}f(x)\,(-1)\sum_{i=0}^{n-1}b_i(x)\,b_i(u),u=0,1,\cdots,N-1 \qquad (2\text{-}55)$$

给定 $B(u)$，通过离散沃尔什反变换可以得到 $f(x)$ 为：

$$f(x)=\frac{1}{N}\sum_{x=0}^{N-1}B(u)\,(-1)\sum_{i=0}^{n-1}b_i(x)\,b_i(u),x=0,1,\cdots,N-1 \qquad (2\text{-}56)$$

式中，x 表示离散实变量；

u 表示离散频率变量。

二、二维离散沃尔什变换及其反变换

图像尺寸为 $M\times N$ 的 $f(x, y)$ 函数的离散沃尔什变换为：

$$B(x,u)=\frac{1}{N^2}\sum_{x=0}^{N-1}\sum_{y=0}^{N-1}f(x,y)\,(-1)\sum_{i=0}^{n-1}\left[\,b_i(x)b_i(u)+\,b_i(y)b_i(v)\right] \quad (2\text{-}57)$$

给出 B（x，u），可通过离散傅立叶反变换得到 f（x，y）为：

$$f(x,y)=\sum_{u=0}^{N-1}\sum_{v=0}^{N-1}B(x,u)\,(-1)\sum_{i=0}^{n-1}\left[\,b_i(x)b_i(u)+\,b_j(y)b_j(v)\right] \quad (2\text{-}58)$$

式中，u、v 表示频率变量；

x、y 表示空间或图像变量。

第五节 小波变换

傅立叶变换存在以下两点不足：

（1）傅立叶变换虽然能够很好地分析信号的频率信息，但是必须对一段信号进行持续一段时间的分析，才能得到准确的频率结果。因此，对于非平稳信号，只能得到这段时间内信号的频率分布，而并不能给出具体频率分量所在的时间，这就导致了在时频上不同信号的频率上升或下降，使用傅立叶变换会得到相同的结果。

（2）为改善傅立叶变换对于时间的不敏感性，相关研究者提出了短时傅立叶变换（Short-Time Fourier Transform，以下简称 STFT），即将这段信号加窗分成多段信号，分别进行傅立叶变换，以改善时间维度的分析结果。本质上，通过加窗，STFT 将大范围内的非平稳信号分割为多个小范围内的平稳信号，从而使得傅立叶变换能够对非平稳信号进行有效分析。然而，其中涉及窗口大小的选择问题。如果窗口较大，时间分析的精度就会下降；如果窗口较小，频率分析的精度会下降。

由于傅立叶变换存在以上两点不足，因此，相关研究者提出了小波变换。小波变换（Wavelet Transform，以下简称 WT）是一种新的变换分析方法，它继承和发展了短时傅立叶变换局部化的思想，同时又克服了窗口大小不随频率变化等缺点，能够提供一个随频率改变的“时间－频率”窗口，是进行信号时频分析和处理的理想工具。其主要特点是，通过变换能够充分突出问题某些方面的特征，能对时间（空间）频率进行局部化分析，通过伸缩平移运算对信号（函数）逐步进行多尺度细化，最终达到在高频处细分时间，在低频处细分频率，能自动适应时频信号分析的要求，从而可聚焦到信号的任意细节，解决了傅立叶变换在处理信号频率时存在的问题，成为继傅立叶变换之后在科学方法上的重大突破。

计算机图像的很多处理方式，包括压缩、滤波、图形处理等，其本质都是变换。变换实际上是一种基，简单来说，在线性代数里，基是指空间里一系列线性独立的向量，而这个空间里的其他任何向量，都可以由这些向量的线性组合来表示。傅立叶变换的本质，就是把一个空间中的信号用该空间的某个基的线性组合表示出来，小波变换也与基有关。

小波变换直接将傅立叶变换的基函数替换了，将无限长的三角函数基换成了有限长且会衰减的小波基。这样不仅能够获取频率，还可以定位到时间。这个基函数可以伸缩和平移，它实质上是两个正交基的分解。当基函数缩得很窄时，对应高频；当基函数伸得很宽时，对应低频。然后，这个基函数不断与信号相乘。在某一个尺度（宽窄）下相乘得到的结果，可以理解为信号在该尺度对应频率上的成分的多少。因此，基函数在某些尺度下与信号相乘会得到一个很大的值，因为此时二者有一种重合关系，从而我们可以知道信号中包含该频率的成分的多少。小波的创新之处在于，将无限长的三角函数基换成了有限长且会衰减的小波基，如图 2-7 所示。

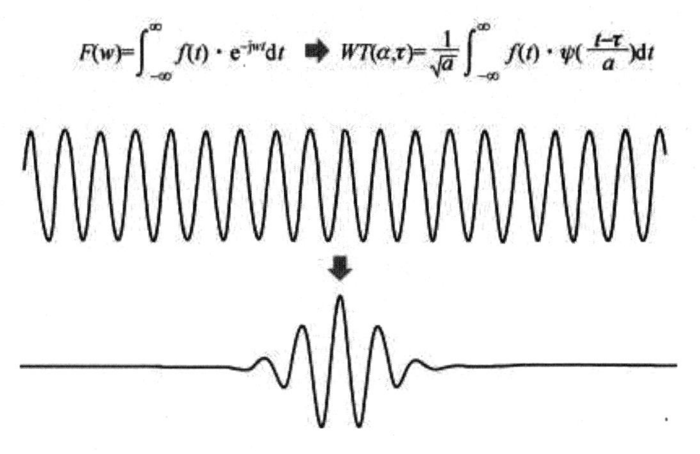

图 2-7 长三角函数转换为衰减的小波基

小波公式为：

$$WT\left(\alpha,\tau\right)=\frac{1}{\sqrt{\alpha}}\int_{-\infty}^{+\infty}f\left(t\right)*\psi(\frac{t-\tau}{\alpha})\mathrm{d}t \qquad (2\text{-}59)$$

从式（2-59）可以看出，不同于傅立叶变换，变量只有频率 ω，小波变换有两个变量：尺度 α 和平移量 τ。尺度 α 控制小波函数的伸缩，平移量 τ 控制小波函数的平移。尺度就对应于频率（反比），平移量 τ 就对应于时间，如图 2-8 所示。

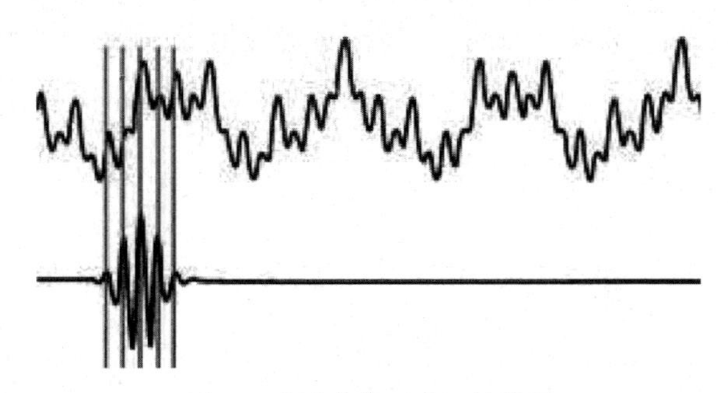

图 2-8 小波变换平移、伸缩图

当伸缩和平移达到重合时，也会相乘得到一个较大的值。这时，与傅立叶变换不同的是，我们不仅可以知道信号中包含的频率成分，还可以确定它在时域上的具体位置。而当我们在每个尺度下都将其平移并与信号相乘一遍后，我们就知道信号在每个位置都包含哪些频率成分。有了小波变换，就可以进行非稳定信号的时频分析。

小波变换有如下两个优点：

（1）解决了局部性问题，如图 2-9 所示。

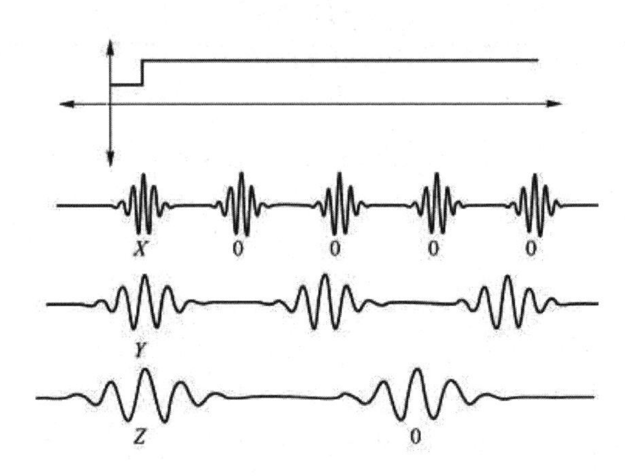

图 2-9 小波变换解决局部性问题

（2）解决了时频分析问题。进行傅立叶变换只能得到一个频谱图，而进行小波变换可以得到一个时频谱图，如图 2-10 所示。小波变换可用于图像分解、去噪、平滑以及边缘检测等，均有良好的实际应用效果。

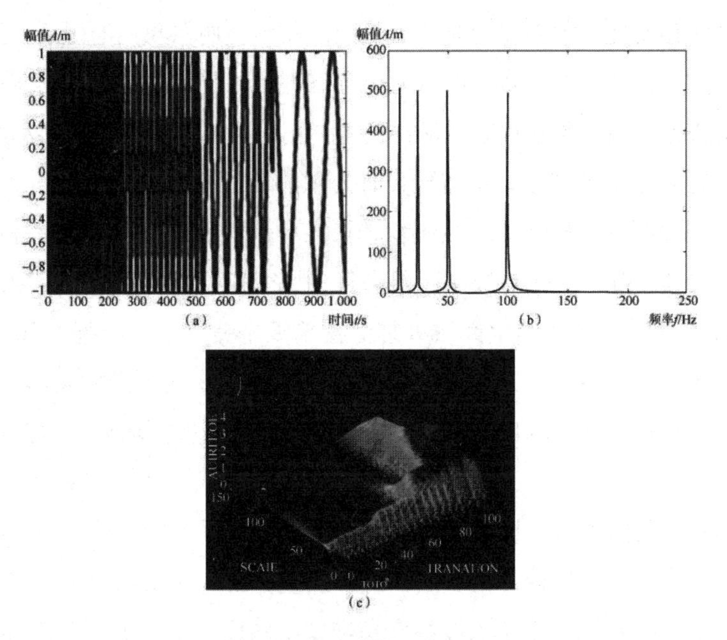

图 2-10 不同图像变换对比

(a) 原时域信号波形图 （b）傅立叶变换频谱图 （c）小波变换时频谱图

第六节 图像变换技术应用与系统设计

一、图像变换应用概述

为了有效且快速地处理和分析图像，需要将原本定义在图像空间的图像以某种形式转换到另一个空间，利用该空间的特有性质进行一定的加工，最后再转换回图像空间，以得到所需的效果，这就是图像变换技术。图像变换技术是许多图像处理和分析技术的基础。

当今是信息化、数字化的时代，视频监控已经遍布我们的生活。虽然监控视频给我们带来了很多便利，但目前仍存在许多不足，如无法时刻监控采集的视频、无法有效利用监控视频来解决问题、互联网监控设备的内存和存储资源非常有限、监控系统产生大量需要实时处理的数据等。

数字图像频域分析是将空域图像转换为频谱能量图，并对图像进行分析和处理。图像频域分析首先对数字图像进行频域变换处理，然后对得到的图像频谱特征进行分析。传统的空间域处理方法需要非常扎实的经验知识和理论基础。当图像经过各种信号处理或各种干扰后，会失去一些原始信息，导致图像难以辨别，失真严重，抗攻击能力弱。然而，使用图像频域分析算法就不存在这些问题。

本节以“图像频域分析算法及其在监控视频分析中的应用”的设计与实现为例，从设计的角度讨论各模块的功能以及设计这些模块的思路。一方面，将图像变换的基本知识应用于当今社会急需解决的问题上，便于读者更具体、更形象地理解图像变换知识的实际运用；另一方面，通过“图像频域分析算法及其在监控视频分析中的应用”这一实例，使读者了解并掌握系统设计与实现的过程。

图像频域分析算法及其在监控视频分析中的应用主要包括两大功能模块，分别是对监控视频中相同动作的识别和监控视频中模糊视频帧的复原。在下面的章节中将对这两大功能模块展开详细介绍。图像频域分析算法及其在监控视频分析中的具体应用，一方面展示了图像变换技术应用于监控视频分析中的具体效果；另一方面，说明不同功能的系统有不同的实现模块，需具体问题具体分析，但该部分的设计思路可供参考与借鉴。

二、监控视频中相同动作的识别

（一）基于 Gabor 小波滤波器的频域分析算法

在图像处理中，Gabor 函数作为线性滤波器来提取图像边缘。因此，Gabor 小波滤波器非常适合纹理的表达和分离，图像在各个尺度和方向上的纹理信息可以被 Gabor 小波滤波器方便地提取到，同时还可以在一定程度上减弱图像中光照变化和噪声的影响，Gabor 小波滤波器对于图像边缘检测有良好的效果。

（二）基于 sym5 小波基的频域分析算法

图像中的许多特征，如纹理特征和形状特征等，在空间域中不能很好地进行分析，而频谱往往承载着重要信息，可用于区分目标的类别。该方法采用基于 sym N 系列小波基的离散小波变换，将目标区域转换到频域进行特征提取。

MATLAB 提供了 dwt 和 dwt2 函数，分别用于实现一维和二维的离散小波变换。wavedec2 函数则用于进行多层尺度的小波分解变换。经过小波变换后，原始图像会被分成包含不同频率成分的几个子图像。如图 2-11 所示，appcoef2 函数提取的 A 部分子图区域涵盖了原始图像中的主要特征信息；而 detcoef2 函数能够提取各高频分量。H 部分子图区域涵盖了原始图像的水平分量信息，即包含了很多水平边缘信息；V 部分子图区域涵盖了原始图像的垂直分量信息，即包含了很多垂直边缘信息；D 部分子图区域包含了原始图像的对角分量，即同时包含了水平和垂直边缘信息。wrcoef2 函数则是对不同高低频分量进行重构。

在本系统中进行特征提取的过程中，首先将图像变换到频域的不同尺度和方向上，再对各个尺度和方向上分解出来的低、高频系数进行分块。接下来计算每一块矩阵的方差和均值，并将每块矩阵的方差和均值作为特征分量。最后，将这些特征分量作为合成特征向量即可。

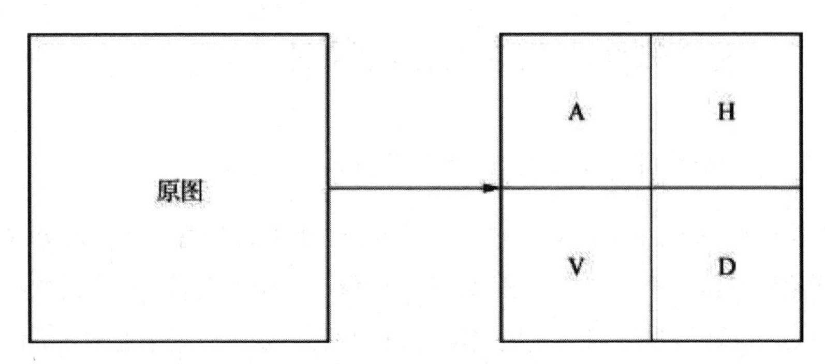

图 2-11 小波分解原理图

（三）相同动作识别模块

本部分利用基于 Gabor 小波滤波器的频域特征和基于 sym5 小波基的频域特征进行分析，在监控视频中提取相同的动作。首先对视频数据集进行参考帧的选择、背景帧的选择、灰度化、二值化等预处理，再使用基于 Gabor 小波滤波器的频域分析和基于 sym5 小波基的频域特征提取方法，之后与视频中的每一帧进行相似度识别，得到与参考帧相同的动作帧。

本系统的部分测试数据来源于动作数据集，数据集有 6 组视频，分别包含小跑、快跑、单膝跳、抬手、开合跳、双腿跳 6 组动作，该数据集能够很好地将相同动作提前去除并达到提取相同动作帧的目的。该数据集中存在背景视频以及动作视频，这两段视频是分开的。实验之前已经提前对视频做了处理，将背景视频和对应的动作视频连接起来，作为实验的视频输入，故默认视频的第一帧即为背景帧。

1.视频帧预处理

视频帧预处理流程主要分为五个步骤：

（1）视频逐帧进行灰度变换，减少冗余的彩色信息；

（2）视频逐帧进行中值滤波去噪；

（3）将步骤（2）处理后的图像与经过相同处理的背景帧进行帧差处理；

（4）对帧差处理后的图像进行二值化处理，删除小于指定面积的对象（目的是去除孤立噪声），对处理后的图像进行闭运算。闭运算能够填补图像中的微小孔洞及细小缝隙，并保证图像整体结构和形态不发生改变，使得图像边角变得更加顺畅，从而获得二值化后的图像，得到运动目标；

（5）利用步骤（4）处理后的图像的连通区域的信息，在原视频帧上确定目标位置，将监控视频帧中的运动目标提取出来。

2.频域特征分析

目标动作特征的提取流程主要分为以下四个步骤：

（1）对预处理后的目标动作图像进行频域变换，得到不同尺度和方向上的特征分量；

（2）对各尺度的特征分量进行分块处理；

（3）分别计算各分块的均值和方差；

（4）将各个分块的均值和方差作为特征向量的分量，组成特征向量。

基于 Gabor 小波滤波器的频域分析算法：取 5 个尺度、4 个方向对输入图像进行傅立叶变换，并与 Gabor 小波滤波器进行卷积，再将所得的矩阵均等分块，分别计算出每一块的均值和方差。将矩阵分成 2×2 块，得到长度为 5×4×4×2＝160 的特征向量。

基于 sym5 小波基的频域分析算法：取 2 个尺度、4 个方向对输入图像进行 sym5 小波变换，再将所得的所有矩阵均等分块，分别计算出每一块的均值和方差。将矩阵分成 2×2 块，得到长度为 2×4×4×2＝64 的特征向量。

3.动作识别算法

相同目标动作的识别算法流程主要分为以下五个步骤：

（1）选取目标动作参考帧，记为 F_r，经过预处理后，进行频域分析，提取特征向量作为输入信息；

（2）视频中的每一帧经过预处理后，进行频域分析，提取特征向量作为输入信息；

（3）将视频帧的特征向量与参考帧的频域特征向量使用图像相似度公式

计算出相似度，作为判断相同视频帧的依据；

（4）判定小于指定阈值 Z 的视频帧为包含相同动作的图像，将其取出并显示在界面上；

（5）统计相同视频帧的数量。

4.实验结果分析

对 6 组实验视频使用上述两种算法进行测试，评判标准是输出相同动作的帧数与正确相同动作帧数的差值的绝对值，记为Δ。Δ越小，算法越准确。本文实验中有两个实验参数：参考帧 F_r 和阈值 Z。以快跑视频为例，选取第 15 帧作为参考帧（F_r），并选取不同的阈值（Z），比较两种算法的实验结果。首先经过人工查看，确认监控视频中与第 15 帧有相同动作的帧数总共为 9 帧，将该帧数作为分母，将输出相同动作的帧数与正确相同动作帧数的差值的绝对值作为分子。不同阈值下两种算法的实验结果如表 2-1 所示。

表 2-1 不同阈值下两种算法的实验结果

算法	Z					
	0.02	0.04	0.06	0.08	0.10	0.12
Gabor	9/9	7/9	6/9	3/9	3/9	9/9
Sym5	13/9	22/9	29/9	31/9	31/9	31/9

由表 2-1 可见，在较大的阈值情况下，Gabor 滤波器的算法识别效果相对更加准确，但容易将监控视频中原有的相同动作帧丢失。而 sym5 算法尽可能地包括满足监控视频中相同动作要求的视频帧，但同时也会冗余一些不属于相同动作的视频帧，从而降低准确率。因此，两种算法在进行监控视频中的动作识别时各有利弊。

在基于 Gabor 小波滤波器的目标动作识别界面中可以自由选择监控视频，并设置某一帧作为背景帧，一般情况下选择第一帧或最后一帧作为背景帧。接下来需要设定监控视频中相同动作的参考帧，根据上述实验，选取第 15 帧为参考帧。界面参数设置完成后，单击“开始识别”按钮即可运行程序，对监控视频中每一帧的动作进行选取和提取，并按照 Gabor 小波滤波器的识别算法提取出与参考帧具有相同动作的视频帧进行显示，同时会在右下角统计相同动作帧的数量。

表 2-2 为收集监控视频数据中不同动作类型的视频，采用 Gabor 小波滤波器的算法进行测试的结果，动作分别为快跑、小跑、单膝跳、抬手、开合跳、双腿跳，对每种动作选择最优的阈值，并记录在此阈值下的误差结果。观察表 2-2 可以看出，选择基于 Gabor 小波滤波器的检测方法，在将阈值设置为 0.1 时获得了比较好的相同目标动作识别结果。

表 2-2 基于 Gabor 小波滤波器的检测结果

视频	阈值	相同帧	结果	误差
快跑	0.1	9	12	3
小跑	0.1	11	9	2
单膝跳	0.1	11	16	5
抬手	0.1	9	18	9
开合跳	0.1	8	13	5
双腿跳	0.04	4	4	0

基于 sym5 小波变换的目标动作识别界面与 Gabor 小波滤波器的界面设置相同，只是提取算法有所不同。界面参数设置完成后，单击“开始识别”按钮即可运行程序，对监控视频中每一帧的动作依次进行选择和提取，并按照基于 sym5 小波变换的识别算法提取出与参考帧具有相同动作的视频帧进行显示，同时也会在右下角统计相同动作帧的数量。

将基于 sym5 小波滤波器的算法进行动作数据统计，得到的检测结果如表 2-3 所示。结合表 2-1 与表 2-3 可知，若选择基于 sym5 小波变换的算法提取相同目标动作，将阈值设置为 0.01 左右，可以取得较小的误差。

表 2-3 基于 sym5 小波基的检测结果表

动作	阈值	相帧	结果	误差
快跑	0.007	9	13	4
小跑	0.02	11	11	0
单膝跳	0.01	11	11	0
抬手	0.01	9	8	1
开合跳	0.01	8	5	3
双腿跳	0.04	4	4	0

对两种监控视频中动作识别算法的结果统计表进行对比可以看出，基于 sym5 小波变换的算法需要设定更小的阈值作为评价视频中相同动作的标准，得到的误差更小，结果更为精确。

三、监控视频中模糊视频帧复原

（一）运动模糊处理

监控视频中的动作模糊处理方法一般为：从监控视频中选取一帧包含运动目标的图像，并对该帧进行处理，得到有目标动作的区域。此外，将其运动方向按照图像退化的方法进行人为的模糊处理。这样做的目的是减少其他未模糊的背景区域对频域变换后特征的影响，从而达到明显的仿真模糊效果。

（二）基于运动模糊图像的频域分析算法

当监控视频中的移动物体与摄像头之间的相对位移速度过快时，虽然会导致图像帧出现运动模糊，但运动模糊图像仍提供了运动目标的一些方向信息。基于运动模糊图像的频域分析算法通过对模糊运动图像进行傅立叶变换，得到频域中的幅度谱图，再利用 RADON 变换提取幅度谱上平行条纹的方向，从而推断出该图像可能的运动方向。因此，对于监控视频中存在的运动模糊视频帧，将这些视频帧复原成清晰图像并读取其内容具有重要的研究意义。

MATLAB 提供了 fft 函数和 fft2 函数。它们的作用分别是进行一维快速傅立叶变换和二维快速傅立叶变换。对应的 ifft 函数和 ifft2 函数分别用于实现一维快速傅立叶反变换和二维快速傅立叶反变换的功能。

（1）fft2 函数：只有灰度图像才能作为 fft2 函数的输入图像，函数的输出值为变换矩阵。傅立叶变换矩阵的变换系数是复数形式，不能直接显示，必须用 abs 函数进行求模后才能得到傅立叶变换后的幅度谱。

（2）fftshift 函数：fftshift 函数的作用是将傅立叶变换得到的图像的幅度谱图进行平移变换。平移变换后的图像幅度谱中心，即矩阵的中心，是从矩阵的原点平移过去的。图像中的能量大部分集中在低频部分，而图像的边缘信息在频谱的高频部分。在频谱中，白色区域代表低频部分，能量较高，主要包含图像的内容信息；黑色区域代表高频部分，记录了图像的边缘信息。

为了识别运动模糊图像幅度谱中明暗条纹的方向，一般将条纹视为直线。对幅度谱图像在 0° ～180° 的角度范围内进行 RADON 变换，将每个角度的 RADON 变换后的极大值作为该方向上的投影值，然后在所有角度中取最大值对应的角度，作为运动模糊的方向。

（三）视频帧复原

将 RADON 变换得到的模糊方向角度作为点，扩展函数的方向参数，并采用维纳滤波的方法对模糊图像进行复原。

（四）图像变换应用拓展

把图像从一个空间变换到另一个空间，可能会更加便于分析处理。经过图像变换后的图像往往更有利于特征提取、增强、压缩和图像编码。图像变换是对图像处理算法的总结。本节以图像频域分析算法及其在监控视频分析中的应用这一案例进行了详细解析。对于类似系统，可参照此案例进行设计。

第三章 计算机图像增强技术

第一节 图像增强概述

图像增强是数字图像处理的基本内容之一，是指采用一系列技术对源图像进行处理和加工，使其更符合具体的应用要求，改善图像的视觉效果，或将图像转换成一种更适合人或机器进行分析处理的形式。图像增强的处理方法包括空域法和频域法两种。空域法包括空域变换增强、空域滤波增强和彩色增强三种，频域法主要指频域滤波增强。

图像增强一方面针对给定图像的应用场合，改善图像的视觉效果，提高清晰度和可辨识度，便于人和计算机对图像进行进一步的分析和处理；另一方面，有目的地强调图像的整体或局部特性，将原本不清晰的图像变得清晰，或强调某些用户感兴趣的特征，抑制用户不感兴趣的特征，扩大图像中不同物体特征之间的差异，改善图像质量、丰富信息量，加强图像判读和识别效果，满足某些特殊分析的需要。

图像增强的处理方法包括空域法和频域法两种，具体分类如图 3-1 所示。空域法指的是直接对图像像素进行处理；而频域法指的是在图像的某个变换域内，对图像的变换系数进行运算，然后通过逆变换获得图像增强效果。

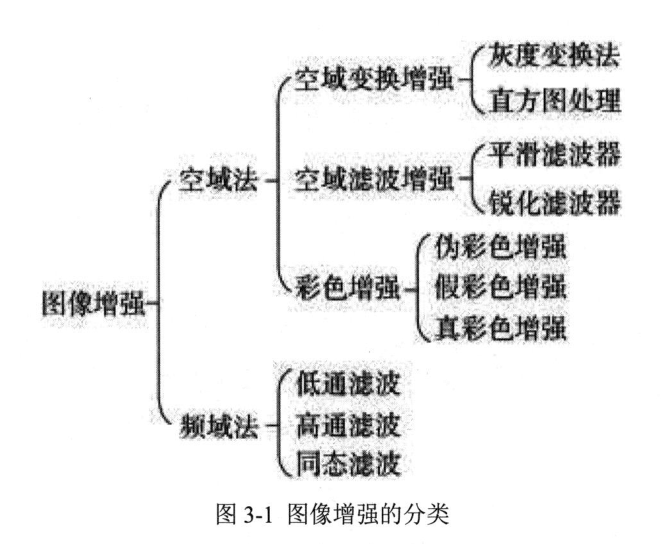

图 3-1 图像增强的分类

第二节 空域变换增强

一、灰度变换法

图像的灰度变换是指按照某种规律改变图像中像素的灰度值，使图像的亮度或对比度发生变化，从而使图像更加容易分辨，或者使图像达到某种视觉效果。例如，将图像转换为更适合人眼观察或计算机分析识别的形式，以便更容易地从图像中获取更多有用的信息。常用的灰度变换方法包括线性灰度变换、分段线性灰度变换和非线性灰度变换。非线性灰度变换主要包括对数变换和指数变换。

（一）线性灰度变换

若图像出现曝光不足或者曝光过度的情况，此时灰度值会被局限在很小的范围内，可以通过线性变换将图像的每一个像素做线性拉伸，从而有效地改善图像的视觉效果。简单来说，图像的灰度变换就是通过建立灰度映射来调整源图像的灰度，使图像具有用户满意的对比度。假设当前图像的灰度值范围为[a，b]，若希望该图像的灰度值范围扩大至[m，n]，那么可采用式（3-1）进行线性变换达到这种效果，即

$$g(x,y)=\frac{n-m}{b-a}\left[f(x,y)-a\right]+m \tag{3-1}$$

式中，g（x，y）表示目标像素值；

f（x，y）表示源像素值。

一般通过线性变换可以使图像的对比度变强，从而使图像中黑色区域部分更黑，白色区域部分更白。

（二）分段线性灰度变换

分段线性灰度变换指的是为了突出用户感兴趣的目标或灰度区间，并相对抑制那些用户不感兴趣的灰度区间，通常将图像的灰度区间分为三段，利用三段线性变换法完成分段线性灰度变换，即

$$g(x,y)=\begin{cases}\dfrac{g_1}{f_1}f(x,y),0\leqslant f(x,y)\leqslant f_1\\ \dfrac{g_2-g_1}{f_2-f_1}\left[f(x,y)-f\right]+g_1,f_1\leqslant f(x,y)\leqslant f_2\\ \dfrac{g_M-g_2}{f_M-f_2}\left[f(x,y)-f_2\right]+g_2,f_2\leqslant f(x,y)\leqslant f_M\end{cases} \tag{3-2}$$

式（3-2）对处于灰度区间[f_1，f_2]的值进行了线性变换，而对于灰度区间[0，f_1]、[f_2，f_M]只进行了压缩操作。若仔细调整折线拐点的位置并控制分段直线的斜率，可以对任一灰度区间进行扩展或压缩。分段线性灰度变换适用于黑色或白色附近有噪声干扰的情况，例如照片中有划痕。变换后可使 0～f_1 以及 f_2～f_M

之间的灰度受到压缩，从而减弱图像中的噪声干扰。

（三）非线性灰度变换

非线性灰度变换并非是对不同的灰度值区间选择不同的线性变换函数进行扩展或压缩，而是在整个灰度值范围内采用相同的非线性变换函数，实现对灰度值区间的扩展与压缩。例如，指数函数、对数函数、幂函数都不是传统意义上的线性函数，因此利用这些函数对图像进行扩展与压缩的变换就统称为非线性灰度变换。

1.对数变换

从数学角度来看，对数函数随着横坐标的增大越来越趋于平缓，若将一幅图的灰度值采用对数函数进行变换，对数变换可以使图像中不同点的灰度值不断地靠近，因此可以认为，对数变换可以在一定程度上可以将图像的像素值降低，从而达到图像压缩的目的。

$$g(x,y)=a+\frac{\text{In}\left[f(x,y)+1\right]}{b\text{In}\,c} \tag{3-3}$$

在式中，g（x，y）表示目标像素值；

f（x，y）表示源像素值；

a、b、c 表示为了调整曲线的位置和形状而引入的参数。

对数变换主要用于扩展图像的低灰度值部分，压缩图像的高灰度值部分，以达到强调图像低灰度部分的目的，使低灰度值的图像细节更加清晰。

2.指数变换

从数学角度来看，指数函数的图像随着横坐标的增大而变得越来越陡峭。如果将一幅图像的灰度值采用指数函数进行变换，那么，指数变换会不断拉大不同点的灰度值差距。因此，指数变换提高了图像的对比度。通过将输入图像的灰度值利用指数函数进行变换，对高灰度区进行较大幅度的拉伸操作，可进一步提高灰度值较高的像素点。

二、直方图处理

（一）灰度直方图简介

灰度直方图可以根据灰度值的大小，统计数字图像中像素出现的频率。其横坐标表示灰度级，纵坐标表示该灰度出现的频率或像素的个数。灰度直方图能够概括性地描述图像，例如图像中灰度的分布范围、整幅图像的亮暗程度以及对比度情况，但不能反映这些灰度在图像上的几何分布情况。灰度直方图分为三种类型，分别为单峰直方图、双峰直方图及多峰直方图。

1.单峰直方图

只有一个峰的直方图称为单峰直方图，其对应的图像中对象区域只占很小部分的比例。如果洁净工件上有很小的疵点，则其直方图表现为单峰直方图，我们可以利用单峰直方图分离疵点。

2.双峰直方图

如果图像可以分为两部分，一部分是研究对象，另一部分是背景，那么图像会呈现出两个不同灰度的区域，其中的研究对象对应直方图中的小峰，背景较亮的区域对应直方图中的大峰。

3.多峰直方图

较复杂的图像一般对应多峰直方图。

直方图修正的目的是通过拉开灰度间距或使灰度分布均匀来增大反差，使图像细节更加清晰，从而达到图像增强的效果。因此，直方图修正法也是图像增强的重要方法之一。直方图修正法主要包括直方图均衡化和直方图规定化两种。

（二）直方图均衡化

直方图均衡化通过对源图像进行某种变换，将源图像的灰度直方图调整为均匀分布直方图，从而达到调整图像对比度的目的。通过这种方法，可以增加图像的全局对比度，使亮度在直方图上更均匀地分布。这种方法适用于背景和前景过亮或过暗的图像，如改善 X 光骨骼结构图像的明暗度，使骨骼结构更加清晰。此方法的优势在于技术成熟且操作可逆，若已知均衡化参数，则可恢复原始图像直方图。此方法的缺点在于可能会增加背景噪声对比度且降低信号对比度。

如果将图像中的像素亮度（灰度级别）看成一个随机变量，则其分布情况就反映了图像的统计特性，这可用概率密度函数（Probability Density Function，以下简称 PDF）来刻画和描述，表现为灰度直方图。若要进行图像的直方图均衡化，必须首先求得均衡化函数。

为了便于分析，我们首先假设图像的灰度范围为 0～1 且连续，此时图像的归一化直方图即为概率密度函数，即：

$$p(x), 0 \leqslant x \leqslant 1 \tag{3-4}$$

由概率密度函数的性质，有：

$$\int_0^1 p(x)\mathrm{d}x = 1 \tag{3-5}$$

设转换前图像的概率密度函数为 $p_r(r)$，转换后图像的概率密度函数为 $p_s(s)$，转换函数为 $s=f(r)$。由概率论知识可得：

$$p_s(s) = p_r(r) \bullet \frac{\mathrm{d}r}{\mathrm{d}s} \tag{3-6}$$

因此，若转换后图像的概率密度函数 $p_s(s)=1$，$0 \leqslant s \leqslant 1$，则必须满足：

$$p_r(r) = \frac{\mathrm{d}s}{\mathrm{d}r} \tag{3-7}$$

等式两边对 r 积分，可得：

$$s = f(r)\int_0^r p_r(\mu)\mathrm{d}\mu \tag{3-8}$$

上式被称为图像的累积分布函数，其中 μ 仅代表求积分时使用的字母符号，无特殊含义。

式（3-8）是灰度取值在[0，1]范围内推导出来的，但在实际情况中，图像的灰度值范围为[0，255]，因此需将上式乘以最大灰度值 D_{max}，此时，灰度均衡的转换公式为：

$$D_B = f(D_A) = D_{\max}\int_0^{D_A} p_{D_A}(\mu)\mathrm{d}\mu \tag{3-9}$$

式中，D_B 表示转换后的灰度值；

D_A 表示转换前的灰度值。

而对于离散灰度级，相应的转换公式为：

$$D_B = f(D_A) = \frac{D_{\max}}{A_0}\sum_{i=0}^{D_A} H_i \tag{3-10}$$

式中，H_i 表示第 i 级灰度的像素个数；

A_0 表示图像的面积，即像素总数。

需要注意的是，变换函数 f 是一个单调递增的函数，这是为了保证无论像素如何映射，图像原本的大小关系不变，较亮的区域依旧较亮，较暗的区域依旧较暗。图像只能发生对比度的变化，而绝对不能明暗颠倒。

（三）直方图规定化

直方图规定化是一种通过使源图像的灰度直方图变成规定形状的直方图，以此来对图像进行修正和增强的方法。理想情况下，直方图均衡化实现了图像灰度的均衡分布，对提高图像的对比度、亮度具有明显作用。在实际应用中，有时并不需要图像的直方图具有整体的均匀分布，而是希望直方图与规定要求的直方图一致，这就需要用到直方图规定化，如图 3-1 所示。

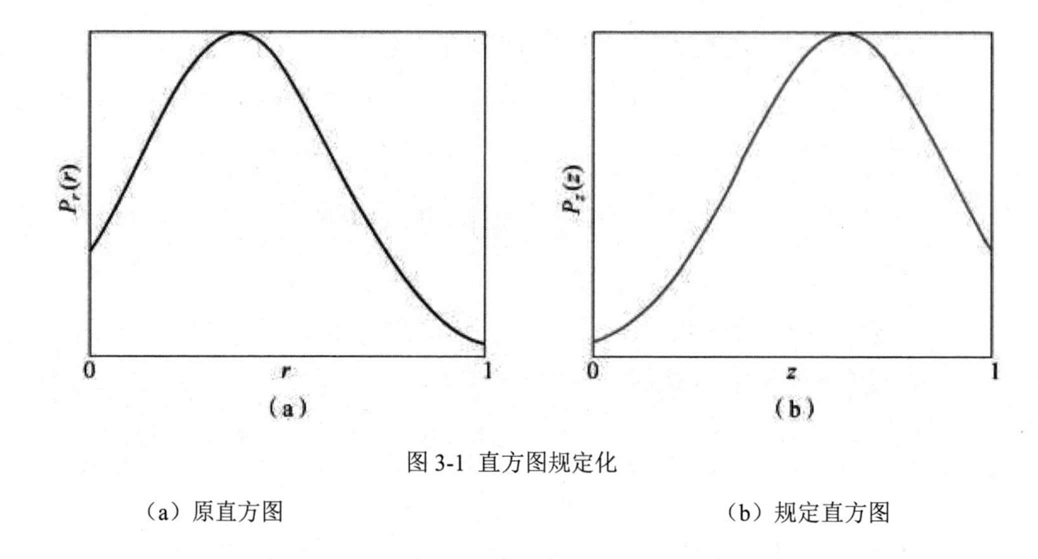

图 3-1 直方图规定化

（a）原直方图　　（b）规定直方图

设 P_r（r）和 P_z（z）分别表示原始灰度图像和目标图像的灰度分布概率密度函数。根据直方图规定化的特点与要求，应使原始图像的直方图具有 P_z（z）所表示的形状。因此，建立 P_r（r）和 P_z（z）之间的关系是直方图规定化必须解决的问题。

根据直方图均衡化理论，首先对原始图像进行直方图均衡化处理，即求变换函数：

$$s = T(r) = \int_0^r p_r(x)\mathrm{d}x \tag{3-11}$$

现假定直方图规定化的目标图像已经实现，对于目标图像也采用同样的方法进行均衡化处理，因而有：

$$v = G(z) = \int_0^z p_z(x)\mathrm{d}x \tag{3-12}$$

式（3-12）的逆变换为：

$$z = G^{-1}(v) \tag{3-13}$$

式（3-13）表明，可通过均衡化后的灰度级 v 求出目标函数的灰度级 z。由于对目标图像和原始图像都进行了均衡化处理，因此具有相同的分布密度，即：

$$P_s(s) = P_v(v) \quad (3\text{-}14)$$

因而可以用原始图像均衡化以后的灰度级 s 代表 v，即：

$$z = G^{-1}(v) = G^{-1}(s) \quad (3\text{-}15)$$

所以，可以依据原始图像均衡化后的灰度值得到目标图像的灰度级 z。

直方图增强处理存在以下三点不足之处：

（1）处理后的图像灰度级有所减少，导致某些细节消失。

（2）某些图像（如直方图有高峰等）经处理后对比度易产生不自然的过度增强。例如，某些卫星图像或医学图像因灰度分布过于集中，均衡化处理后结果往往会出现过亮或过暗的现象，达不到增强视觉效果的目的。

（3）对于有限灰度级的图像，量化误差经常引起信息丢失，导致一些敏感的边缘因与相邻像素点的合并而消失，这是直方图修正增强无法避免的问题。

第三节 空域滤波增强

一、原理与分类

空域滤波是指应用某一模板对每个像素及其周围邻域的所有像素进行某种数学运算，以得到该像素的新灰度值。新的灰度值不仅与该像素的灰度值有关，而且还与其邻域内的像素灰度值有关。空域滤波包括模板运算和卷积运算两种方式。

（一）模板运算

模板运算是数字图像处理中常用的一种运算方式，图像的平滑、锐化、细化、边缘检测等都要用到。例如，一种常见的平滑算法是将原图中的一个像素的灰度值与其周围邻近 8 个像素的灰度值相加，然后将求得的平均值作为新图像中该像素的灰度值。其操作表示为

$$\frac{1}{9}\begin{bmatrix}1 & 1 & 1\\ 1 & 1^{*} & 1\\ 1 & 1 & 1\end{bmatrix} \tag{3-16}$$

式（3-16）称为模板，其中带*的元素为中心元素，即这个元素是将要被处理的元素。

如果模板为：

$$\frac{1}{9}\begin{bmatrix}1^{*} & 1 & 1\\ 1 & 1 & 1\\ 1 & 1 & 1\end{bmatrix} \tag{3-17}$$

该操作的含义是，将原图中一个像素的灰度值和它右下相邻近的 8 个像素值相加，然后将求得的平均值作为新图像中该像素的灰度值。

模板运算实现了一种邻域运算，即某个像素点的结果不仅与该像素的灰度值有关，而且与其邻域点的灰度值有关。

（二）卷积运算

卷积运算中的卷积核就是模板运算中的模板，卷积核中的元素称为加权系数，也称为卷积系数。卷积核中的系数大小及排列顺序决定了对图像进行处理的类型。改变卷积核中的加权系数，会影响总和的数值与符号，从而影响所求像素的新值。简而言之，卷积就是进行加权求和的过程。

卷积运算的基本思路是将某个像素的值作为它本身灰度值和其相邻像素灰度值的函数，模板可以看作是 $n \times n$ 的小图像，最基本的尺寸为 3×3，更大

的尺寸如 5×5、7×7。其基本步骤如下：

（1）将模板在图中移动，并将模板中心与图中某个像素位置重合；

（2）将模板上的各个像素与模板下的各对应像素的灰度值相乘；

（3）将所有乘积相加（为保持图像的灰度范围，常常用灰度值除以模板中像素的个数），将得到的结果赋给图中对应模板中心位置的像素。

假定邻域为 3×3 大小，卷积核大小与邻域相同，那么邻域中的每个像素分别与卷积核中的每一个元素相乘，乘积求和所得结果即为中心像素的新值。例如，3×3 的像素区域 R 与模板 G 的卷积运算为：

R5(中心像素)=1/9（R1G1+R2G2+R3G3+R4G4+R4G5+R6G6+R7G7+R8G8+R9G9） (3-18)

当使用卷积模板处理图像边界像素时，卷积模板与图像使用区域不能匹配，若卷积核的中心与边界像素点对应，卷积运算将出现问题，这就是常说的边界问题。常用的处理办法有以下两种：

（1）忽略边界像素，即处理后的图像直接丢弃源图像的边界像素；

（2）保留原边界像素，即处理后图像的边界像素由源图像的边界像素直接复制得到。

借助模板进行空域滤波，可以将源图像转换为增强图像。由于模板系数不同，得到的增强效果也会有所不同。模板本身被称为空域滤波器，空域滤波器可以按照处理效果分为平滑滤波器和锐化滤波器，按照数学表达形式分为线性滤波器和非线性滤波器。下面针对平滑滤波器和锐化滤波器进行具体介绍。

二、平滑滤波器

平滑滤波器又称为钝化滤波器，其作用是消除噪声，使图像模糊化，即在提取较大目标前，先去除太小的细节或将目标内的小间断连接起来。图像在传输过程中，由于传输信道、采样系统质量较差，或受各种干扰的影响，容易造成图像粗糙，此时就需要对图像进行平滑处理。平滑滤波能在不影响低频分量的前提下，减弱或消除图像中的高频分量，因为高频分量对应图像中的区域边缘等灰度值较大、变化较快的部分，平滑滤波可以将这些分量滤除，从而减少局部灰度的起伏，使图像变得平滑。直接在空域上对图像进行平滑处理的方法便于实现，计算速度较快，结果也比较令人满意。

（一）均值滤波器

均值滤波器又称为邻域平均法，是利用 Box 模板对图像进行卷积运算的图像平滑方法，即用模板中所有像素的均值来替代原像素值的方法。Box 模板是指模板中所有系数都取相同值的模板。

均值滤波器的基本思想是通过计算一点及其邻域内像素点的平均值来去除突变的像素点，从而滤掉一定的噪声。其主要优点是算法简单，计算速度快，但其代价是会造成图像一定程度上的模糊。而且，其平滑效果与所采用邻域的半径（模板大小）有关，半径越大，图像的模糊程度越大。常用的 3×3 Box 模板为：

$$H=\frac{1}{9}\begin{bmatrix}1 & 1 & 1\\1 & 1^{*} & 1\\1 & 1 & 1\end{bmatrix} \tag{3-19}$$

图 3-2 展示了采用 3×3 Box 模板进行均值滤波的结果，图中的计算结果按四舍五入进行了调整，且未对边界像素进行处理。

在实际应用中，将以上的均值滤波器加以修正，可以得到加权平均滤波器，即将邻域中各个像素乘以不同的权重然后再平均。式（3-20）和式（3-21）是两个 3×3 加权平均滤波器模板，每个模板前面的乘数等于 1 除以所有系数之和。

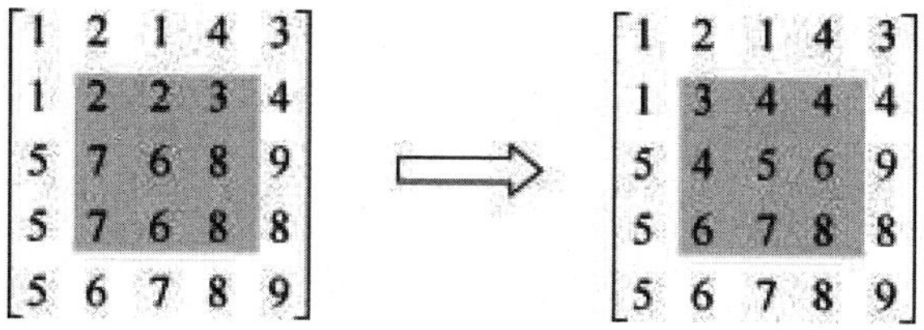

$$\begin{bmatrix}1&2&1&4&3\\1&2&2&3&4\\5&7&6&8&9\\5&7&6&8&8\\5&6&7&8&9\end{bmatrix} \Rightarrow \begin{bmatrix}1&2&1&4&3\\1&3&4&4&4\\5&4&5&6&9\\5&6&7&8&8\\5&6&7&8&9\end{bmatrix}$$

图 3-2 均值滤波器

$$H_1=\frac{1}{16}\begin{bmatrix}1&2&1\\2&4^*&2\\1&2&1\end{bmatrix} \tag{3-20}$$

$$H_2=\frac{1}{10}\begin{bmatrix}1&1&1\\1&2^*&1\\1&1&1\end{bmatrix} \tag{3-21}$$

加权平均滤波器对图像的处理方法与均值滤波器相同，只是模板发生改变而已。

（二）超限邻域平均法

超限邻域平均法就是如果某个像素的灰度值大于其邻域像素的平均值，且达到了一定水平，则认为该像素为噪声，继而用邻域像素的均值取代这一像素值。超限邻域平均法用式（3-22）表示：

$$g(i,j)=\begin{cases}\dfrac{1}{N\times N}\sum\limits_{(x,y)\notin A}f(x,y), & \left|f(i,j)-\dfrac{1}{N\times N}\sum\limits_{(x,y)\notin A}f(x,y)\right|>T\\ f(i,j), 其他\end{cases} \tag{3-22}$$

式中，$N\times N$ 表示超限邻域平均法模板的大小；

A 表示图像中与超限邻域平均法模板重合的区域集合；

T表示某一阈值。

超限邻域平均法的效果比一般邻域平均法的效果更好，但在操作中对模板的大小及阈值的选择需谨慎。阈值 T 太小时，噪声消除不彻底；阈值 T 太大则易使图像模糊。

（三）中值滤波器

中值滤波是一种典型的非线性滤波技术，该技术基于排序统计理论，能够有效抑制噪声。其基本思想是将局部区域的像素按灰度等级进行排序，取该邻域中灰度值的中值作为当前像素的灰度值。在一定条件下，中值滤波器可以克服线性滤波器在处理图像细节时产生的模糊问题，对滤除脉冲干扰和图像扫描噪声非常有效。然而，对于包含大量点、线、尖顶等细节的图像，中值滤波可能会引起图像信息的丢失。中值滤波对孤立的噪声像素，如椒盐噪声，具有良好的滤波效果。由于中值滤波并不是简单地取均值，因此其产生的模糊相对较少。中值滤波的操作步骤如下：

（1）将滤波模板（含有若干个点的滑动窗口）在图像中移动，并将模板中心与图中某个像素位置重合；

（2）读取模板中各对应像素的灰度值；

（3）将这些灰度值从小到大排列；

（4）取这一列数据的中间值，将其赋给对应模板中心位置的像素。如果窗口中有奇数个元素，中值取元素按灰度值大小排序后的中间元素灰度值；如果窗口中有偶数个元素，中值取元素按灰度值大小排序后，中间两个元素的灰度平均值。

中值滤波的模板形状和尺寸对滤波效果影响较大，不同的图像内容和不同的应用要求，往往采用不同的模板形状和尺寸，模板大小则以不超过图像中最小有效物体的尺寸为宜。常用的中值滤波模板有线状、方形、圆形、十字形以及圆环形等。模板尺寸一般先用 3×3，再取 5×5，逐渐增大，直到滤波效果满意为止。根据一般经验，对于有缓变的较长轮廓线的物体的图像，采用方形或圆形模板为宜；对于包含有尖顶物体的图像，采用十字形模板为宜。

（四）超限中值滤波器

当某个像素的灰度值超过窗口中像素灰度值排序中介于中间的那个值，且达到一定水平时，认为该点为噪声，则用灰度值排序介于中间的那个值来代替，否则保持原来的灰度值。超限中值滤波器的表达式为：

$$g(i,j)=\begin{cases} f_{N/2}(x,y), \left|f(i,j)-f_{N/2}(x,y)\right|>T\text{且}N\text{为奇数} \\ f_{(2N+1)/2}(x,y), \left|f(i,j)-f_{(2N+1)/2}(x,y)\right|>T\text{且}N\text{为偶数} \\ f(i,j),\text{其他} \end{cases} \quad (3\text{-}23)$$

式中，$g(i,j)$ 表示增强后的图像；

$f(i,j)$ 表示源图像；

N 表示超限中值滤波器模板的大小；

T 表示某一阈值。

（五）K 近邻均值（中值）滤波器

K 近邻均值（中值）滤波器的操作步骤如下：

（1）以待处理像素为中心，作一个 $m \times m$ 的模板；

（2）在模板中，选择 K 个与待处理像素灰度差最小的像素；

（3）用这 K 个像素的灰度均值（中值）替换原来的像素值。

三、锐化滤波器

锐化滤波可以减弱或消除图像中的低频分量，但不影响高频分量。低频分量对应图像中灰度值缓慢变化的区域，因此与图像的整体特性，如整体对比度和平均灰度值有关。锐化滤波能增加图像反差，使得图像边缘更加明显，可用于增强图像中模糊的细节或景物边缘。

图像锐化的主要目的是以下两个：

（1）增强图像边缘，使模糊的图像变得更加清晰，颜色更加鲜明突出，图像质量有所改善，从而产生更适合人眼观察和识别的图像。

（2）使目标物体的边缘鲜明，以便于提取目标的边缘、进行图像分割、目标区域识别、区域形状提取等，为进一步的图像理解与分析奠定基础。

图像锐化的主要用途如下：

（1）在印刷中强调细微层次，弥补扫描等过程对图像的钝化。

（2）通过锐化改善超声探测中分辨率低、边缘模糊的图像。

（3）用于图像识别中的边缘提取。

（4）锐化处理过度钝化、曝光不足的图像。

（5）处理只剩下边界的特殊图像。

（6）尖端武器的目标识别和定位。

（一）拉普拉斯锐化

图像的拉普拉斯锐化是利用拉普拉斯算子对图像进行边缘增强的一种方法。其基本思想是，当邻域的中心像素灰度低于其所在邻域内其他像素的平均灰度时，此中心像素的灰度应被进一步降低；而当邻域的中心像素灰度高于其所在邻域内其他像素的平均灰度时，此中心像素的灰度应被进一步提高，以此实现对图像的锐化处理。运用拉普拉斯锐化可以增强图像的细节，突出图像的边缘，但有时会同时增强噪声，因此最好在锐化前对图像进行平滑处理。

拉普拉斯锐化是使用二阶微分进行图像锐化的方法。连续函数及离散函数中微分与图像像素之间的关系如下：

连续函数的微分表达为：

$$f(x)=\lim_{h\to 0}\frac{f(x+h)-f(x)}{h} \text{或} f(x)=\lim_{h\to 0}\frac{f(x+h)-f(x-h)}{2h} \qquad (3\text{-}24)$$

对于离散情况（图像），其导数必须用差分方程来近似，有：

$$I_x = \frac{I(x)-I(x-h)}{h}，\text{前向差分} \tag{3-25}$$

$$I_x = \frac{I(x+h)-I(x-h)}{2h}，\text{中心差分} \tag{3-26}$$

式中，$f(x)$、I_x、$I(x)$ 是数学表达式中的统一表示。

由图 3-3 可知，函数的一阶微分描述了函数图像的变化方向，即增长或者降低；而二阶微分则描述了图像变化的速度，是急剧地增长或下降，还是平缓地增长或下降。基于此，我们可以推测，依据二阶微分能够找到图像色素的过渡程度，例如白色到黑色的过渡就是比较急剧的。

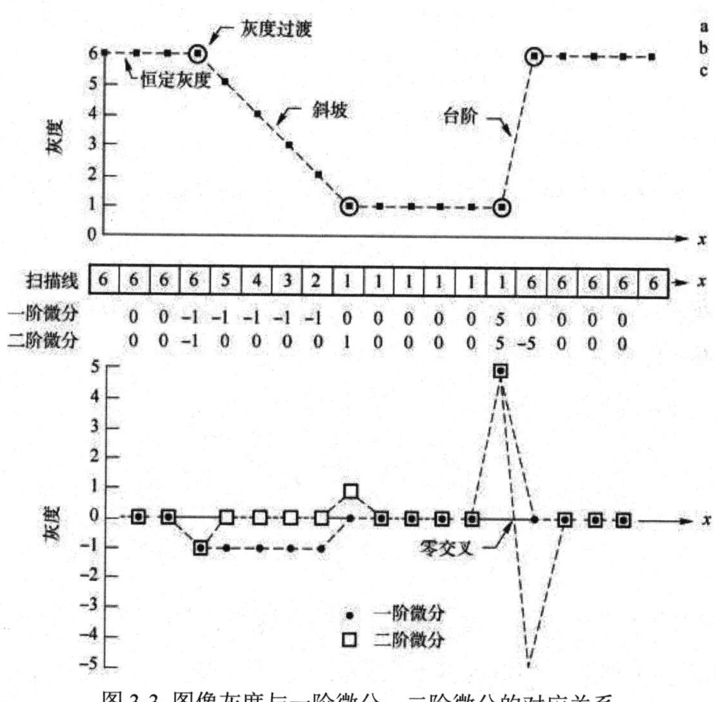

图 3-3 图像灰度与一阶微分、二阶微分的对应关系

根据上述数学基础，将微分与离散的图像像素相联系，下面是一阶偏微分

和二元函数微分的公式表达，即：

$$\frac{\partial f}{\partial x}=f(x,y)-f(x-1,y)\Rightarrow\frac{\partial^2 f}{\partial x^2}=f(x+1,y)+f(x-1,y)-2f(x,y)$$

（3-27）

$$\frac{\partial f}{\partial x}=f(x,y)-f(x,y-1)\Rightarrow\frac{\partial^2 f}{\partial y^2}=f(x,y+1)+f(x,y-1)-2f(x,y)$$

（3-28）

$$\nabla f=\frac{\partial f}{\partial x}+\frac{\partial f}{\partial y}=2f(x,y)-f(x-1,y)-f(x,y-1) \tag{3-29}$$

$$\nabla^2 f=\frac{\partial^2 f}{\partial x^2}+\frac{\partial^2 f}{\partial y^2} \tag{3-30}$$

$$\nabla^2 f=f(x+1,y)+f(x-1,y)+f(x,y+1)-f(x,y-1)-4f(x,y)$$

（3-31）

式中，f（x，y）表示图像在（x，y）坐标位置的像素灰度值；

∇f表示拉普拉斯算子。

根据上述二阶微分法，得出 4 邻域模板为：

$$\begin{bmatrix}0 & 1 & 0\\ 1 & -4 & 1\\ 0 & 1 & 0\end{bmatrix} \tag{3-32}$$

观察式（3-32）的模板发现，当邻域内像素灰度相同时，卷积结果为 0；当中心像素灰度值高于邻域内其他像素的平均灰度值时，卷积结果为负；当中心像素灰度值低于邻域内其他像素的平均灰度值时，卷积结果为正。最后把卷积结果加到原中心像素，即使用将原始图像和拉普拉斯图像叠加在一起的简单方法，达到保护拉普拉斯锐化处理的效果，同时又能复原背景信息。所以，使用拉普拉斯变换增强图像锐化的基本方法可表示为：

$$g(x)=\begin{cases} f(x,y)-\nabla^2 f(x,y), \text{拉普拉斯模板中心系数为负} \\ f(x,y)+\nabla^2 f(x,y), \text{拉普拉斯模板中心系数为正} \end{cases} \tag{3-33}$$

拉普拉斯锐化处理模板不唯一，图 3-4 是拉普拉斯锐化常用的两个 4 邻域模板。

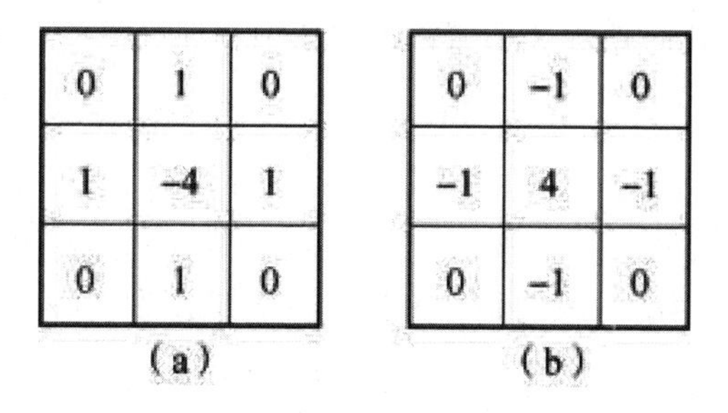

(a)

0	1	0
1	-4	1
0	1	0

(b)

0	-1	0
-1	4	-1
0	-1	0

图 3-4 拉普拉斯锐化的 4 邻域模板

（a）第一种 4 邻域模板　　（b）第二种 4 邻域模板

（b）

除了 3×3 邻域，拉普拉斯锐化算法还可以扩展到其他大小邻域，如在图 3-4（a）中添加两项，即在两个对角线方向各加 1，由于每个对角线方向上的项还包含一个－2*f*（*x*，*y*），因此总共应减去－8*f*（*x*，*y*），如图 3-5（a）所示。同样的道理可由图 3-4（b）得到图 3-5（b）。

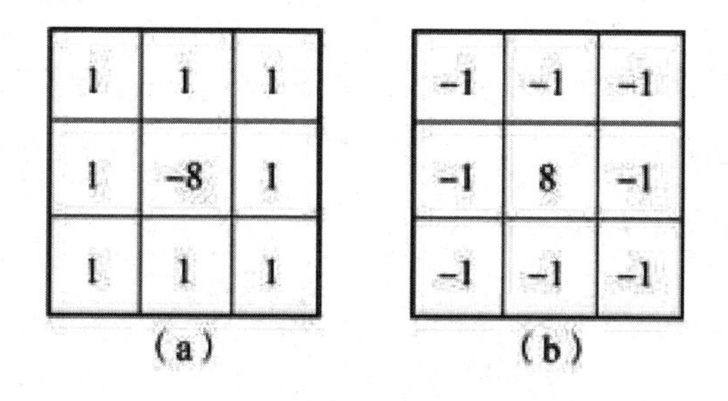

(a)

1	1	1
1	-8	1
1	1	1

(b)

-1	-1	-1
-1	8	-1
-1	-1	-1

图 3-5 拉普拉斯锐化的 8 邻域模板

（a）第一种 8 邻域模板　　（b）第二种 8 邻域模板

中心系数为正的 8 邻域拉普拉斯锐化模板对应的表达式为：

$$\nabla^2 f = 8f(x,y) - f(x-1,y-1) - f(x-1,y) - f(x-1,y+1) - \\ f(x,y-1) - f(x,y+1) - f(x+1,y-1) - f(x+1,y) - f(x+1,y+1) \quad (3\text{-}34)$$

拉普拉斯锐化处理让图像中人眼不易察觉的细小缺陷变得明显，且对源图像进行拉普拉斯锐化时使用 8 邻域模板比使用 4 邻域模板得到的结果更好，图像的细节更加清晰。

（二）梯度锐化

图像锐化方法中最常用的是梯度锐化，对于图像 f（x，y）在（x，y）处的梯度定义为：

$$\text{grad}(x,y) = \begin{bmatrix} f'_x \\ f'_y \end{bmatrix} = \begin{bmatrix} \dfrac{\partial f(x,y)}{\partial x} \\ \dfrac{\partial f(x,y)}{\partial y} \end{bmatrix} \quad (3\text{-}35)$$

值得注意的是，梯度是一个矢量，拥有大小和方向，梯度大小的表达式为：

$$\text{grad}(x,y) = \sqrt{f'^2_x + f'^2_y} = \sqrt{\left[\frac{\partial f(x,y)}{\partial x}\right]^2 + \left[\frac{\partial f(x,y)}{\partial y}\right]^2} \quad (3\text{-}36)$$

在拉普拉斯锐化部分已经说明了一阶偏微分与图像像素值之间的关系，此处仍然沿用离散函数的差分近似表示。考虑一个 3×3 的图像区域，f（x，y）代表（x，y）位置的灰度值，那么：

$$\begin{cases} \dfrac{\partial f(x,y)}{\partial x} = f(x+1,y) - f(x,y) \\ \dfrac{\partial f(x,y)}{\partial y} = f(x,y+1) - f(x,y) \end{cases}$$

$$\Rightarrow \text{grad}(x,y) = \sqrt{\left[f(x+1,y) - f(x,y)\right]^2 + \left[f(x,y+1) - f(x,y)\right]^2}$$

（3-37）

用绝对值替换平方和、平方根，即采用向量模值的近似计算，即：

$$\text{grad}(x,y) = \left|f(x+1,y) - f(x,y)\right| + \left|f(x,y+1) - f(x,y)\right| \tag{3-38}$$

对于一幅图像中突出的边缘区域，其梯度值较大；对于平滑区域，梯度值较小；对于灰度级为常数的区域，梯度为 0。

（三）高通滤波器

线性高通滤波器也是使用卷积来实现的，但是其所用模板与线性平滑滤波不同，常用的模板为：

$$H_1 = \begin{bmatrix} 0 & -1 & 0 \\ -1 & 5 & -1 \\ 0 & -1 & 0 \end{bmatrix} \tag{3-39}$$

$$H_2 = \begin{bmatrix} -1 & -2 & -1 \\ -2 & 5 & -2 \\ -1 & -2 & -1 \end{bmatrix} \tag{3-40}$$

第四节 彩色增强

人的视觉系统对微小的灰度变化不敏感，而对微小的色差极为敏感。人眼通常只能区分大约二十个灰度级，而对不同亮度和色调的彩色图像的分辨能力则可达到灰度分辨能力的百倍以上。利用这个特性，可以将人眼不敏感的灰度信号映射为人眼敏感的彩色信号，以增强人们对图像中细微变化的分辨能力。彩色增强正是基于这一特性，将彩色应用于图像增强中。在图像处理技术中，彩色增强的应用十分广泛且效果显著。常用的彩色增强方法有伪彩色增强、假彩色增强和真彩色增强，下面将对这几种方法进行详细介绍。

一、伪彩色增强

伪彩色增强是将黑白图像的不同灰度级按照线性或非线性的映射函数转换成不同的颜色，从而得到一幅彩色图像的技术。从图像处理的角度看，伪彩色增强的输入是灰度图像，输出是彩色图像。由于原图并没有颜色，因此人工赋予的颜色称为伪彩色。伪彩色增强不仅适用于航空摄影和遥感图像，还可用于医学 X 光片及气象云图的判读。这一过程可以通过软件完成，也可以通过硬件设备实现。伪彩色增强的方法主要有密度分割法、灰度变换法和频域伪彩色增强三种。

（一）密度分割法

密度分割法是将灰度图像的灰度范围分成 k 个区间，并为每个区间$[l_{i-1}, l_i]$指定一种颜色 c_i，这样就可以将一幅灰度图像转换成一幅伪彩色图像。

假设原始图像的灰度范围为：

$$0 \leqslant f(x,y) \leqslant L \tag{3-41}$$

用 $k+1$ 灰度等级把该灰度范围分为 k 段，即：

$$l_0, l_1, l_2, l_3, \cdots, l_k, l_0 = 0(\text{黑}),\ l_k = L(\text{白}) \tag{3-42}$$

映射每一段灰度成一种颜色，映射关系为：

$$g(x,y) = c_i (l_{i-1} \leqslant f(x,y) \leqslant l_i, i = 1, 2, \cdots, k) \tag{3-43}$$

式中，g（x，y）表示输出的伪彩色图像；

c_i 表示灰度在[l_{i-1}，l_i]中映射成的彩色。

经过这种映射处理后，原始图像 f（x，y）就变成了伪彩色图像 g（x，y）。若原始图像 f（x，y）的灰度分布遍及上述 k 个灰度段，则伪彩色图像 g（x，y）就具有 k 种色彩。该方法比较简单、直观，但变换出的彩色数目有限。灰度图像通过伪彩色增强变换为彩色图像后，图像的色彩信息更丰富，分辨效果更好。

（二）灰度变换法

依据三基色原理，每一彩色由红、绿、蓝三基色按照适当比例进行合成，灰度变换法就是对原始图像中每个像素的灰度值用三个独立的变换来处理。灰度变换法对灰度图像进行伪彩色增强处理的表达式为：

$$R(x,y) = T_R\left[f(x,y)\right] \tag{3-44}$$

$$G(x,y) = T_G\left[f(x,y)\right] \tag{3-45}$$

$$B(x,y) = T_B\left[f(x,y)\right] \tag{3-46}$$

式中，R（x，y）、G（x，y）、B（x，y）表示伪彩色中三基色分量的数值；

f（x，y）表示处理前图像的灰度值；

T_R，T_G，T_B 表示三基色与原灰度值 f（x，y）的变换关系。

灰度变换法的简单示意图如图 3-6 所示：

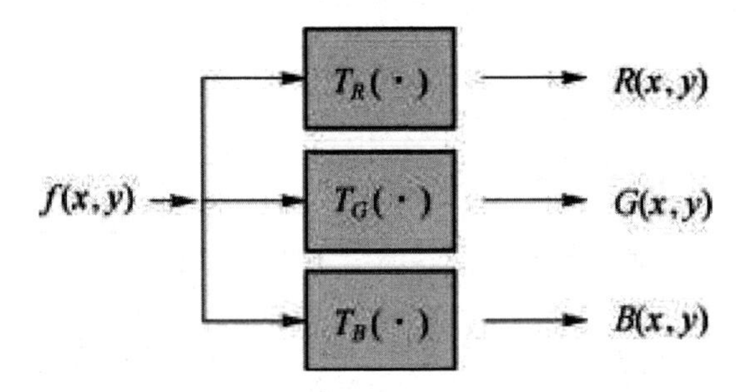

图 3-6 灰度变换法简单示意图

由图 3-6 可知，对输入图像的灰度值实行三种独立的变换 T_R（•），T_G（•）和 T_B（•）后得到对应的红、绿、蓝三基色。根据不同的场合要求，用这三基色对应的电平值控制图像显示器的红、绿、蓝三色电子枪，得到伪彩色图像的显示输出；或者用三基色对应的电平值作为彩色硬拷贝机的三基色输入，得到伪彩色图像的硬拷贝，如彩色胶片或彩色照片等。值得注意的是，采用灰度变换法进行伪彩色增强的结果不唯一，三种变换 T_R（•），T_G（•）和 T_B（•）的不同映射会产生不同的图像增强结果。

（三）频域伪彩色增强

频域伪彩色增强的步骤如图 3-7 所示，即将灰度图像经傅立叶变换转换到频域，在频域内使用 3 个不同传递特性的滤波器分离成 3 个独立分量；然后对它们进行傅立叶反变换，可得到 3 幅代表不同频率分量的单色图像。接着对这 3 幅图像进行进一步处理，如直方图均衡化、反转操作等。最后将它们作为三基色分量分别添加到彩色显示器的红、绿、蓝显示通道，得到一幅彩色图像。

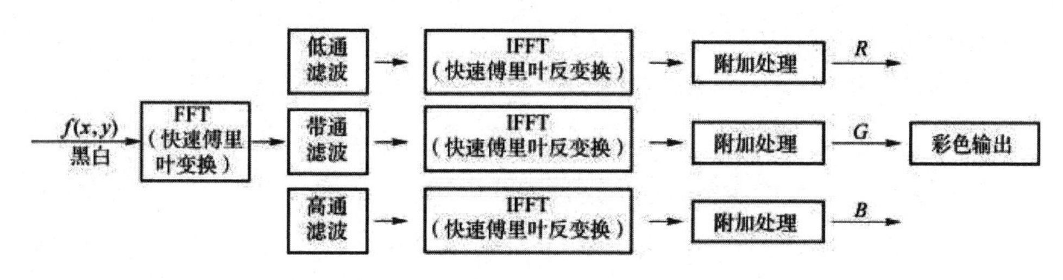

图 3-7 频域伪彩色增强的步骤

二、假彩色增强

假彩色增强是指将一幅彩色图像映射为另一幅彩色图像，从而增强色彩对比，使某些图像更加醒目的一种图像处理方法，一般是把真实的自然彩色图像或遥感多光谱图像处理成假彩色图像，主要用途如下：

（1）将图像中的景物映射成奇异的彩色，使本色更引人注目。

（2）适应人眼对颜色的灵敏度，提高人眼的鉴别能力。例如，人眼对绿色亮度最敏感，可把细小物体映射成绿色；而人眼对蓝光的强弱对比敏感度最大，可把细节丰富的物体映射成深浅与亮度不一的蓝色。

（3）将遥感多光谱图像处理成假彩色图像，以获得更多信息。

三、真彩色增强

自然物体的彩色称为真彩色。真彩色增强的目的是在保持色彩不变的前提下，使亮度有所增强。显示彩色图像时通常使用 RGB 模型，但 HSI 模型在许多处理中具有独特的优点。在 HSI 模型中，亮度分量与色度分量是分开的，这与人类的视觉效果紧密相关，因此常采用 HSI 模型。

在 HSI 模型中，H 代表色调，S 代表饱和度，I 代表亮度。这三个值构成亮度分量，色调和饱和度合起来称为色度（HS）。

真彩色增强方法的基本步骤如下：

（1）将 R、G、B 分量转换为 H、S、I 分量图，此时亮度分量与色度分量分开；

（2）利用对灰度图增强的方法增强其中的 I 分量图；

（3）再将结果转换为用 R、G、B 分量图来显示。

既然只是在色彩不变的前提下，对亮度进行增强，那么直接对 R、G、B 进行处理可以吗？答案是否定的。需要指出的是，如果对 R、G、B 各分量直接使用对灰度图的增强方法，虽然可以增加图中可视细节的亮度，但得到的增强图中的色调可能完全没有意义。因为 R、G、B 这三个分量既包含亮度信息也包含色彩信息，在增强图中对应同一像素的这三个分量都发生了变化，它们的相对数值发生了变化，从而会导致原图颜色的较大改变。

第五节 频域滤波增强

频域滤波增强利用图像变换方法将原来的图像从图像空间转换到其他空间，然后利用该空间的特有性质进行图像处理，最后再转换回原来的图像空间，从而得到处理后的图像。

频域增强的主要步骤如下：

（1）选择变换方法，将输入图像变换到频域空间；

（2）在频域空间中，根据处理目的设计一个转移函数并对其进行处理；

（3）将所得结果用反变换得到图像增强。

在频域中，高频代表了图像的边缘或者纹理细节，而低频代表了图像的轮廓信息。因此，和空域滤波类似，低通滤波可以看作对图像的模糊处理，而高通滤波可以看作对图像的边缘检测。同时，频率的变化快慢也与图像的平均灰度成正比，低频对应图像中缓慢变化的灰度分量，高频对应图像中灰度变化快的分量。因此，我们用一个在频域的滤波器来过滤频域中的高频或者低频部分，再将频域中的图像进行傅立叶反变换，将其转换到空域，即可实现图像的频域增强功能。

一、低通滤波

图像在传递过程中，噪声主要集中在高频部分。为了去除噪声、改善图像质量，可以采用低通滤波器 H（u，v）来抑制高频成分、通过低频成分，然后再进行傅立叶反变换获得滤波图像，从而达到平滑图像的目的。在傅立叶变换域中，变换系数能反映某些图像的特征，如频谱的直流分量对应图像的平均亮度，噪声对应图像中频率较高的区域，图像实体对应图像中频率较低的区域等。因此，频域常被用于图像增强。在图像增强中，通过构造低通滤波器，使低频分量能够顺利通过、高频分量被有效地阻止，即可滤除该频域内的噪声。根据卷积定理，低通滤波器的数学表达式为：

$$G(u,v)=F(u,v)H(u,v) \tag{3-47}$$

式中，F（u，v）表示含有噪声的源图像的傅立叶变换域；

H（u，v）表示传递函数；

G（u，v）表示经低通滤波后输出图像的傅立叶变换。

假定噪声和信号成分在频率上可分离，且噪声表现为高频成分，那么低通滤波器可滤去高频成分，低频信息基本可以无损失地通过。选择合适的传递函数 H（u，v）对频域低通滤波关系重大。常用的频域低通滤波器 H（u，v）有四种，下面对这四种常用的频域低通滤波器做详细介绍：

（一）理想低通滤波器

设傅立叶平面上理想低通滤波器离开原点的截止频率为 D_0，则理想低通滤波器的传递函数为：

$$H(u,v)=\begin{cases}1, D(u,v)\leqslant D_0\\0, D(u,v)>D_0\end{cases} \tag{3-48}$$

式中，H（u，v）表示传递函数；

D（u，v）表示点（u，v）到原点的距离，$D(u,v)=\sqrt{u^2+v^2}$；

D_0表示截止频率点到原点的距离。

（二）巴特沃斯低通滤波器

n阶巴特沃斯低通滤波器的传递函数为：

$$H(u,v)=\frac{1}{1+\left[\frac{D(u,v)^2}{D_0}\right]} \tag{3-49}$$

式中，H（u，v）表示传递函数；

D（u，v）表示点（u，v）到原点的距离，$D(u,v)=\sqrt{u^2+v^2}$；

D_0表示截止频率点到原点的距离。

（三）指数低通滤波器

指数低通滤波器的传递函数为：

$$H(u,v)=\mathrm{e}^{\left[-\frac{D(u,v)}{D_0}\right]^n} \tag{3-50}$$

式中，H（u，v）表示传递函数；

D（u，v）表示点（u，v）到原点的距离，$D(u,v)=\sqrt{u^2+v^2}$；

D_0表示截止频率点到原点的距离。

（四）梯形低通滤波器

梯形低通滤波器的传递函数为：

$$H(u,v)=\begin{cases}1, & D(u,v)<D_0 \\ \dfrac{D(u,v)-D_1}{D_0-D_1}, & D_0 \leqslant D(u,v) \leqslant D_1 \\ 0, & D(u,v)>D_0\end{cases} \tag{3-51}$$

式中，H（u，v）表示传递函数；

D（u，v）表示点（u，v）到原点的距离，$D(u,v)=\sqrt{u^2+v^2}$；

D_0，D_1 表示截止频率点到原点的距离。

二、高通滤波

高通滤波器与低通滤波器的作用相反，它使高频分量顺利通过的同时，会削弱低频分量。图像的边缘、细节主要位于高频部分，而图像的模糊是由于高频成分比较弱，因此采用高通滤波器可以对图像进行锐化处理，消除模糊，突出边缘。高通滤波的步骤是采用高通滤波器让高频成分通过，使低频成分削弱，再经傅立叶反变换得到边缘锐化的图像。常用的高通滤波器有理想高通滤波器、巴特沃斯高通滤波器、指数高通滤波器和梯形高通滤波器，下面对这几种类型的高通滤波器进行详细介绍：

（一）理想高通滤波器

二维理想高通滤波器的传递函数为：

$$H(u,v)=\begin{cases}1, & D(u,v) \leqslant D_0 \\ 0, & D(u,v)>D_0\end{cases} \tag{3-52}$$

式中，H（u，v）表示传递函数；

D_0表示截止频率点到原点的距离；

D（u，v）表示点（u，v）到原点的距离，$D(u,v)=\sqrt{u^2+v^2}$。

（二）巴特沃斯高通滤波器

n阶巴特沃斯高通滤波器的传递函数为：

$$H(u,v)=\frac{1}{1+\left[\frac{D_0}{D(u,v)}\right]^{2n}} \tag{3-53}$$

式中，H（u，v）表示传递函数；

D_0表示截止频率点到原点的距离；

D（u，v）表示点（u，v）到原点的距离，$D(u,v)=\sqrt{u^2+v^2}$；

n表示与滤波器相关的常量。

（三）指数高通滤波器

指数高通滤波器的传递函数为：

$$H\left(u,v\right)=\mathrm{e}^{-\left[\frac{D_0}{D\left(u,v\right)}\right]^{n}} \tag{3-54}$$

式中，H（u，v）表示传递函数；

D_0表示截止频率点到原点的距离；

D（u，v）表示点（u，v）到原点的距离，$D(u,v)=\sqrt{u^2+v^2}$；

n表示与滤波器相关的常量。

（四）梯形高通滤波器

$$H(u,v)=\begin{cases}0, & D(u,v)<D_1\\ \dfrac{D(u,v)-D_1}{D_0-D_1}, & D_1\leqslant D(u,v)\leqslant D_0\\ 1, & D(u,v)>D_0\end{cases} \tag{3-55}$$

在梯形高通滤波器的传递函数式中，H（u，v）表示传递函数；

D_0，D_1 表示截止频率点到原点的距离；

D（u，v）表示点（u，v）到原点的距离，$D(u,v)=\sqrt{u^2+v^2}$ 。

三、同态滤波

同态滤波是一种将频域滤波和空域灰度变换结合起来的图像处理方法。它以图像的照度/反射率模型作为频域处理的基础，通过压缩亮度范围和增强对比度来改善图像质量。这种方法使图像处理符合人眼对亮度响应的非线性特性，避免了直接对图像进行傅立叶变换处理所产生的失真。

一般来说，图像的边缘和噪声都对应于傅立叶变换的高频分量，而低频分量主要决定图像在平滑区域中总体灰度级的显示。因此，经过低通滤波处理的图像相比于源图像会少一些尖锐的细节部分；同样，经过高通滤波的图像在平滑区域中将减少一些灰度级的变化，并突出细节部分。因此，为了在增强图像细节的同时尽量保留图像的低频分量，引入同态滤波。同态滤波可以在保留图像原貌的同时，对图像细节进行增强。在安防领域，监控视频中有时会出现图像照明不均的问题。如果目标物体的灰度很暗，这样的图像灰度范围很大，无法辨认细节，采用线性灰度变换一般效果不大。如果采用同态滤波来解决上述问题，则仅对图像较暗部分进行增强，其余部分依然保持原状。

一幅图像可看作由两部分组成，即：

$$f(x,y)=i(x,y)r(x,y) \tag{3-56}$$

式中，i（x，y）表示随空间位置不同的光强分量函数，其特点是缓慢变化，集中在图像的低频部分；

r（x，y）表示景物反射到人眼的反射分量函数，其特点是包含了景物的各种信息，高频成分丰富。

同态滤波的基本原理是，将像素的灰度值看作是照度和反射率两个组分的乘积。照度相对变化很小，可以看作是图像的低频成分，而反射率是高频成分。通过分别处理照度和反射率对像素灰度值的影响，从而达到显示图片阴影区细节特征的目的。同态滤波分为以下五个基本步骤：

（1）对原图作对数变换，得到如下两个加性分量，即：

$$\ln f(x,y)=\ln f_i(x,y)+\ln f_r(x,y) \tag{3-57}$$

（2）对数图像作傅立叶变换，得到其对应的频域表示为：

$$\mathrm{DFT}\left[\ln f(x,y)\right]=\mathrm{DFT}\left[\ln f_i(x,y)\right]+\mathrm{DFT}\left[\ln f_r(x,y)\right] \tag{3-58}$$

（3）设计一个频域滤波器 H（u，v），进行对数图像的频域滤波。

（4）傅立叶反变换，返回空域对数图像。

（5）取指数，得空域滤波结果。

综上，同态滤波的基本步骤如图 3-8 所示：

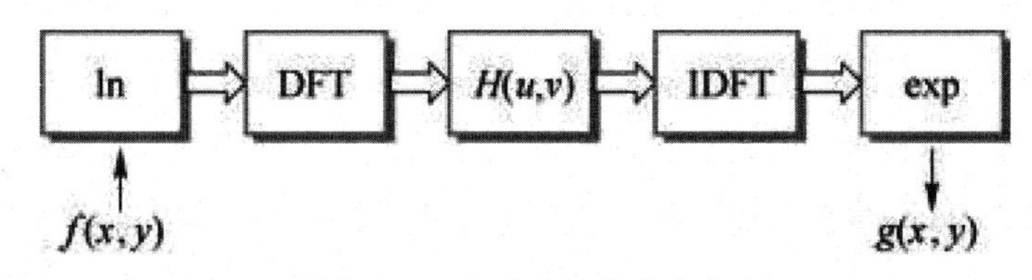

图 3-8 同态滤波的基本步骤

式中，f（x，y）表示原始图像；

g（x，y）表示处理后的图像；

ln 表示对数运算；

DFT 表示傅立叶变换（实际操作中运用快速傅立叶变换 FFT）；

IDFT 表示傅立叶反变换（实际常用快速傅立叶反变换 IFFT 代替）；

exp 表示指数运算。

可以看出，同态滤波的关键在于频域滤波器 H（u，v）的设计。对于一幅光照不均匀的图像，同态滤波可同时实现亮度调整和对比度提升，从而改善图像质量。为了压制低频的亮度分量，增强高频的反射分量，频域滤波器 H（u，v）应是一个高通滤波器，但又不能完全消除低频分量，仅做适当压制。

因此，同态滤波器一般采用如下形式，即：

$$H_{mo}\left(u,v\right)=(\gamma_H-\gamma_L)H_{hp}\left(u,v\right)+\gamma_L \tag{3-59}$$

其中，$\gamma_L<1$，$\gamma_H>1$，用来控制滤波器幅度的范围。H_{hp}（u，v）通常为高通滤波器，如高斯高通滤波器、巴特沃斯高通滤波器等。

如果 H_{hp}（u，v）采用高斯高通滤波器，则：

$$H_{hp}\left(u,v\right)=1-\exp\left\{-c\left[D^2\left(u,v\right)/D_0^2\right]\right\} \tag{3-60}$$

其中，c 为一个常数，用来控制滤波器的形态，即从低频到高频过渡段的陡度（斜率），其值越大，斜坡带越陡峭。

第六节 图像增强技术应用与系统设计

以上详细介绍了图像增强技术的理论基础，如何将之应用于实践，设计出实用的图像处理系统是学习本节内容的主要目标。本节将通过图像增强技术在安防领域的应用这一具体案例来展示图像增强系统的设计思路与设计方法，为读者应用图像增强技术与进行系统设计提供参考。

一、图像增强应用概述

人类传递信息的主要媒介是语言和图像。据统计，在人类接收的各种信息中，视觉信息占80%，所以图像是十分重要的信息传递媒介和方式。在实际应用中，每个环节都有可能导致图像品质变差，使图像传递的信息无法被正常读取和识别。例如，在采集图像的过程中，由于光照环境或物体表面反光等原因造成图像整体光照不均，或者图像采集系统在采集过程中因机械设备的缘故无法避免地引入采集噪声，或者图像显示设备的局限性造成图像显示层次感降低或颜色减少等。这就需要图像增强技术来改善人的视觉效果，如突出图像中目标物体的某些特点，从数字图像中提取目标物的特征参数等。图像增强处理的主要作用是突出图像中用户感兴趣的部分，减弱或去除用户不需要的信息，使有用信息得到加强，从而得到一种更加实用的图像或更适合人或机器进行分析处理的图像。

随着当今世界科学技术的快速发展，视频监控技术的应用范围越来越广泛，特别是智慧城市、智慧交通、智慧园区、智慧楼宇的兴起，使得视频监控的应用范围进一步扩大。监控系统每时每刻都会产生大量的监控视频图像，然而并不是每一个监控系统产生的视频图像都是清晰的，它们会由于各种各样的原因产生模糊。例如，在监控系统采集图像时，会因硬件原因难免引入采集噪声，或由于外界光照等原因导致视频图像出现光照不均的现象，或者如雨雪、雾天等特殊天气也会影响图像的清晰程度等。因此，需要用到图像增强技术来促进安防领域的进一步发展。图像增强技术在安防领域中的应用主要包括两大功能模块，分别是空域图像增强模块以及图像去雾与光照不足处理模块，在下面的章节中将对这两大功能模块展开详细介绍。

二、空域图像增强模块

结合安防领域中的监控视频图像容易出现的问题，有三种不同类型的空域图像增强算法，分别是直方图修正、平滑和灰度变换，在以下内容中将对这三种类型展开详细介绍。空域图像增强模块的架构如表 3-1 所示。

表 3-1 空域图像增强模块的架构

<table>
<tr><td rowspan="7">空域图像增强</td><td rowspan="2">直方图修正</td><td>直方图均衡化</td></tr>
<tr><td>直方图规定化</td></tr>
<tr><td rowspan="3">平滑</td><td>中值滤波</td></tr>
<tr><td>领域平滑滤波</td></tr>
<tr><td>自适应滤波</td></tr>
<tr><td rowspan="2">灰度变换</td><td>线性灰度变换</td></tr>
<tr><td>非线性灰度变换</td></tr>
</table>

（一）直方图修正

1.直方图均衡化

通过调用 MATLAB 中的 histeq 函数，可以对图像进行直方图均衡化操作。源图像画面昏暗不清晰，经直方图均衡化后，图像亮度增加，能够基本看清画面中的内容。

2.直方图规定化

与直方图均衡化类似，通过调用 MATLAB 中的 histeq 函数同样能够对图像进行直方图规定化操作。经直方图规定化后得到的图像与源图像相比，基本能够清晰地表达图像内容，图像的视觉质量有了明显提升。

（二）平滑

1.中值滤波

通过调用 MATLAB 中的 medfilt2 函数对图像进行中值滤波操作，可以消除图像中存在的噪声，起到图像增强的作用。

2.邻域平滑滤波

通过调用 MATLAB 中的 filter2 函数对图像进行邻域平滑滤波操作，可以基本消除图像中原本存在的噪声，使得图像观感更加舒适。但邻域平滑滤波的缺点是，经过邻域平滑滤波后的图像分辨率有所下降。在实际应用中，应“取其精华，去其糟粕”，将邻域平滑滤波应用于合适的场合。

3.自适应滤波

通过调用 MATLAB 中的 wiener2 函数可以对图像进行自适应滤波操作，自适应滤波针对源图像中密集存在的高斯噪声有很好的消除效果。虽然经自适应滤波后的图像分辨率仍然不是很高，但与原始图像相比，其清晰度有了明显的改善。

（三）灰度变换

1.线性灰度变换

图像的线性灰度变换是通过建立灰度映射来调整源图像的灰度，从而使用户满意的一种图像处理方式。经线性灰度变换后的图像更适合人眼观看，图像的视觉效果更佳。

2.非线性灰度变换

与线性灰度变换类似，图像的非线性灰度变换同样是通过建立某种灰度映射来调整源图像的灰度。经非线性灰度变换后的图像不再处于完全的黑暗中，可以较清晰地看到图像中目标的外观。

三、图像去雾与光照不足处理

（一）图像去雾

电子监控在生活中愈发普及，然而空气中的液滴和固体小颗粒大量悬浮于空气中，使大气的能见度下降，户外图像的颜色和对比度退化会造成监控图像模糊，从而影响后期监控画面的利用价值。直方图均衡化和 Retinex 算法可以对雾天图像进行增强处理。

1.直方图均衡化

通过观察受到雾天影响的监控视频图像的直方图，可以发现其灰度级基本集中在一个较狭窄的范围内，这导致人眼无法直接识别雾天图像的具体细节。直方图均衡化通过使用累积分布函数将待处理图像直方图的灰度级范围进一步拉大，从而使处理后的图像的直方图灰度级分布趋于均匀化，对比度上升，达到图像增强的目的。因此，直方图均衡化可以解决雾气影响图像质量的问题。经直方图均衡化后的图像相比源图像而言，图像质量有了一定程度的提高，但经过直方图均衡化后的雾天图像会出现视觉失真的现象。因此，在进行图像去雾时需根据其使用场景判断是否使用直方图均衡化的方法进行图像去雾操作。

2.Retinex 算法

Retinex 算法进行图像去雾处理的步骤如下：首先，将输入的 RGB 彩色图像转换到 HSI 颜色模型空间中进行处理，提取亮度 I 分量，对 I 分量进行图像增强，再转换回 RGB 空间进行合成。

结合物理学中的光学原理可知，人之所以能够看见物体，是因为物体反射的光线进入了人的眼睛。由此可以推断物体成像的亮度与入射光线和反射光线的强弱有着密不可分的联系。因此，把所获得的监控视频图像分解为光照分量与反射分量，并且将监控视频图像中每一像素点的光照分量乘以其对应的反射分量，就可以得到该像素点的像素值，具体公式为：

$$S(x,y)=I(x,y)R(x,y) \tag{3-61}$$

式中，$S(x, y)$ 表示采集到的雾天图像；

$I(x, y)$ 表示输入图像的入射分量，对应图像的低频部分，反映图像的整体结构信息；

$R(x, y)$ 表示输入图像的反射分量，代表图像的内在本质特性，对应图像的高频部分，反映图像的大多数局部细节信息与所有噪声。

直方图均衡化后的图像颜色失真较为明显，但对比度和亮度都良好，能够较好地处理受到雾天影响的监控视频图像；Retinex 算法去雾后得到的图像中的物体颜色更真实，细节也更清晰，但对灰度值较大的部分改善效果不佳。这是因为 Retinex 算法对高光区域的敏感度低于低光区域，所以该区域的细节处理无法达到应有的效果。

（二）光照不足图像处理

与雾天对安防监控视频图像的影响相似，由于光线不足所导致的监控视频图像也存在细节丢失、对比度低等一系列问题，被干扰后的图像往往使人眼难以识别，非常影响视觉效果。为了解决此类问题，使用与图像去雾操作相同的处理方法，对监控视频中光照不足的照片进行图像增强处理。直方图均衡化和 Retinex 算法作用于低照度图像与作用于雾天图像得到的结果有所不同。不同算法各有优劣，只是适用场景不同，需灵活选择。

第四章 计算机图像压缩技术

第一节 图像压缩概述

一、图像压缩基础概念

图像压缩也称为图像编码，是指以较少的比特，有损或无损地表示原来的像素矩阵的技术。图像压缩从本质上来说，就是对要处理的图像数据按照一定的规则进行变换和组合，从而达到以尽可能少的数据来表示尽可能多的数据信息的目的。图像压缩是通过编码来实现的，因此通常将压缩与编码统称为图像的压缩编码。减少存储空间、缩短传输时间是推动图像压缩编码技术发展的主要因素。

数字图像处理的目的除了改善图像的视觉效果外，还能在保证一定视觉质量的前提下减少数据量，从而减少图像传输所需的时间。用数字形式表示图像的应用已经非常广泛，然而，这种表示方法需要大量的数据。为此，人们试图采用新的表达方式以减少表示一幅图像所需的数据量，这就是图像压缩要解决的主要问题。

二、图像数据的冗余

虽然图像的表示需要大量的数据，但图像数据是高度相关的，或者说存在冗余信息。去掉这些冗余信息可以有效压缩图像，同时又不会损失图像的有效信息。数字图像的冗余主要分为空间冗余、时间冗余、结构冗余和视觉冗余四种，下面将对图像数据的冗余展开详细介绍。

（1）空间冗余：在数字化图像中，如果某个区域的颜色、亮度、饱和度等属性相同，则该区域里的像素点数据也是相同的，这样大量重复的像素数据就形成了空间冗余。空间冗余主要发生在单张图片中，一幅图像表面上各采样点的颜色之间往往存在空间连贯性。假设亮度值 Y 以[105 105 105…105]形式存储，如果共有 100 个像素，则需要 1×100 个字节的存储空间。此时，最简单的压缩方式是将[105 105 105…105]写成[105，100]，表示接下来 100 个像素的亮度都是 105，那么只需要 2 个字节就能表示整行数据了。

（2）时间冗余：视频的相邻帧往往包含相同的背景和移动物体，只是移动物体所在的空间位置略有不同。因此，后一帧的数据与前一帧的数据有许多共同之处。如果相邻帧记录了同一场景画面，这就表现为时间冗余。例如，人在说话时，发音是一个连续的渐变过程，因此在语音中这也是一种时间冗余。

（3）结构冗余：有些图像整体上存在非常强的纹理结构，例如草席图像，这就是图像结构上存在的冗余。

（4）视觉冗余：人类的视觉和听觉系统由于受到生理特征的限制，对于图像和声音信号的一些细微变化是感觉不到的。忽略这些变化后，信号仍然被认为是完整的。我们把这些超出人类视觉范围的数据称为视觉冗余。例如，人类视觉的一般分辨能力为 26 灰度等级，而一般图像的量化采用的是 28 灰度等级，二者之间存在视觉冗余。

三、图像压缩中的保真度准则

在图像压缩中，为增加压缩率，有时会放弃一些图像细节或其他不太重要的内容。因此，在图像编码中，解码后的图像与原始图像可能会不完全相同。在这种情况下，常常需要用信息损失的测度来描述解码图像相对于原始图像的偏离程度，这些测度一般称为保真度（逼真度）准则。常用的主要准则可分为两大类，一类是客观保真度准则，另一类是主观保真度准则。

（1）客观保真度准则：客观保真度准则将信息损失的多少表示为原始输入图像与压缩后又解压缩输出图像的函数。设两幅图像尺寸均为 $M\times N$，设 $f(i,j)$（$i=1, 2, \cdots, N$；$j=1, 2, \cdots, M$）为原始图像，$\hat{f}(i,j)$（$i=1, 2, \cdots, N$；$j=1, 2, \cdots, M$）为压缩后又还原的图像，则两幅图像之间的均方误差如式（4-1）所示，均方根误差如式（4-2）所示。

$$E_{\mathrm{mse}}=\frac{1}{NM}\sum_{i=1}^{N}\sum_{j=1}^{M}\left[f(i,j)-\hat{f}(i,j)\right]^{2} \tag{4-1}$$

$$E_{\mathrm{mse}}=\left[E_{\mathrm{mse}}\right]^{1/2} \tag{4-2}$$

令 $\overline{f}=\frac{1}{NM}\sum_{i=1}^{N}\sum_{j=1}^{M}f(i,j)$，两图像之间的均方信噪比如式（4-3）所示，基本信噪比如式（4-4）所示。

$$\mathrm{SNR}=\frac{\sum_{i=1}^{N}\sum_{j=1}^{M}\left[f(i,j)\right]^{2}}{\sum_{i=1}^{N}\sum_{j=1}^{M}\left[f(i,j)-\hat{f}(i,j)\right]^{2}} \tag{4-3}$$

$$\mathrm{SNR}=10\lg\left[\frac{\sum_{i=1}^{N}\sum_{j=1}^{M}\left[f(i,j)-\bar{f}\right]^{2}}{\sum_{i=1}^{N}\sum_{j=1}^{M}\left[f(i,j)-\hat{f}(i,j)\right]^{2}}\right] \tag{4-4}$$

设 $f_{max}=2^k-1$，则两幅图像之间的峰值信噪比如式（4-5）所示。

$$\mathrm{PSNR}=10\lg\left[\frac{NMf_{\max}^{2}}{\sum_{i=1}^{N}\sum_{j=1}^{M}\left[f(i,j)-\hat{f}(i,j)\right]^{2}}\right] \tag{4-5}$$

（2）主观保真度准则：客观保真度准则常因图像而异，有时甚至不能反映视觉质量的实际情况，所以主观保真度准则是对一幅图像质量的最终评价，即通过视觉比较两幅图像，给出一个定性的评价。例如，表 4-1 为电视图像质量评价尺度。

表 4-1 电视图像质量评价尺度

评分	评价	说明
6	优秀	图像质量非常好。
5	良好	图像质量高，有干扰但不影响观看。
4	可用	图像质量可接受，有干扰但不太影响观看。
3	刚可看	图像质量差，干扰有些妨碍观看，观看者希望改进。
2	差	图像质量很差，妨碍观看的干扰始终存在，几乎无法观看。
1	不能用	图像质量很差，不能使用。

常用的主观保真度准则是选择一组评价者，对待评价的图像进行打分，然后对这些主观打分进行平均分的计算，获得一个主观评价分。设每一种得分为 C_i，每一种得分的评分人数为 n_i。平均感觉分（MOS）的主观评价可定义为：

$$\text{MOS}=\frac{\sum_{i=1}^{k}n_iC_i}{\sum_{i=1}^{k}n_i} \tag{4-6}$$

MOS 得分越高，解码后图像观感越好。

四、图像压缩方法分类

（1）根据压缩过程中是否存在信息损耗，可分为无损压缩和有损压缩。

①无损压缩（可逆编码）：无信息损失，解压缩时能够从压缩数据精确地恢复原始图像。信息保持编码的压缩率较低，一般不超过 3∶1，主要应用于图像的数字存储，常用于医学图像编码中。

②有损压缩（不可逆编码）：不能精确重建原始图像，存在一定程度的失真。保真度编码可以实现较大的压缩率，主要用于数字电视技术、静止图像通信、娱乐等方面。

（2）根据压缩原理，可以分为熵编码、预测编码、变换编码和混合编码等。

（3）结合分形、模型基、神经网络、小波变换等数学工具，充分利用视觉系统的生理、心理特性和图像信源的各种特性完成的图像压缩编码过程。

第二节 图像编码算法

一、信息论

信源是产生各类信息的实体。信源给出的符号是不确定的，可用随机变量及其统计特性描述。虽说信息是抽象的，但信源是具体的。例如，人们交谈时，人的发声系统就是语音信源；人们看书、读报时，被光照的书和报纸本身就是文字信源。常见的信源还有图像信源、数字信源等。产生离散信息的信源被称为离散信源，离散信源只能产生有限种符号，因此离散信源消息可以看成是一种随机序列。设一个离散信源 X（x_1，x_2，…，x_N），其概率分布为 {p_1，p_2，…，p_N}，满足 $\sum_{i=1}^{N} P_i = 1$

离散信源类型分为无记忆信源和有记忆信源两类，其中无记忆信源是指信源的当前输出与以前的输出无关；有记忆信源是指信源的当前输出与以前的 m 个输出相关。考虑无记忆信源 X，某个信源符号 x_k，如果它出现的概率是 p_k，则其自信息量为：

$$I(x_k) = \log_2 \frac{1}{p_k} = -\log^2 p_k \tag{4-7}$$

直观理解是，一个概率小的符号的出现将带来更大的信息量。式中对数的底确定了测量信息的单位，若以 2 为底，即单位为比特（bit）。由 N 个符号集 X 构成的离散信源的每个符号的平均自信息量为：

$$H(X) = -\sum_{i=1}^{N} p_i \log_2 p_i \tag{4-8}$$

式中：H（X）表示信源熵，单位是“比特/符号”。

【例 4-1】设 X={a，b，c，d}，p（a）=p（b）=p（c）=p（d）=1/4，则各信源符号的自信息量为：

$$I(a)=I(b)=I(c)=I(d)=\log_2 4=2 \tag{4-9}$$

信源熵为：

$$H(X)=1/4\times2+1/4\times2+1/4\times2+1/4\times2=2 \tag{4-10}$$

编码方法：a，b，c，d 用码字 00，01，10，11 来编码，每个符号用 2 个 bit，此时平均码长也是 2 bit。

【例 4-2】设 X={a，b，c，d}，p（a）=1/2，p（b）=1/4，p（c）=1/8，p（d）=1/8，则各信源符号的自信息量为：

$$I(a)=\log_2 2=1, I(b)=\log_2 4=2, I(c)=I(d)=\log_2 8=3 \tag{4-11}$$

信源熵为：

$$H(X)=1/2\times1+1/4\times2+1/8\times3+1/8\times3=1.75 \tag{4-12}$$

此时，有如下两种编码方法。

（1）a，b，c，d 分别用码字 00，01，10，11 来编码。

平均码长为：

$$l_{\text{avg}}=1/2\times2+1/4\times2+1/8\times2+1/8\times2=2 \tag{4-13}$$

此时，平均码长大于信源熵。

（2）a，b，c，d 分别用码字 0，10，110，111 来编码。

平均码长为：

$$l_{\text{avg}}=1/2\times1+1/4\times2+1/8\times3+1/8\times3=1.75 \tag{4-14}$$

此时，平均码长等于信源熵。

【例 4-3】设 X={a，b，c，d}，p（a）=0.45，p（b）=0.25，p（c）=

0.18，p（d）=0.12，则各信源符号的自信息量为：

$$I(a)=1.152, I(b)=2, I(c)=2.4739, I(d)=3.0589 \tag{4-15}$$

信源熵为：

$$H(X)=0.45\times1.152+0.25\times2+0.18\times2.4739+0.12\times3.0589=1.8308 \tag{4-16}$$

用【例 4-2】的第二种编码方法，平均码长 1.85，大于信源熵。

$$l_{\text{avg}}=0.45\times1+0.25\times2+0.18\times3+0.12\times3=1.85 \tag{4-17}$$

根据以上三个例子可得以下四点启示：

（1）信源的平均码长 $l_{\text{avg}} \geqslant H$（$X$），也就是说熵是无失真编码的下界。

（2）如果所有 I（x_k）都是整数，且 I（x_i）$=I$（x_j）则可以使平均码长等于熵。

（3）对非等概率分布的信源，采用不等长编码时，其平均码长小于等长编码的平均码长。

（4）当信源中各符号的出现概率相等时，信源熵值达到最大，这就是“最大离散熵定理”。

将离散信源熵扩展至图像的熵，以灰度级为[0，$L-1$]的图像为例，可以通过直方图得到各灰度级概率 p_s（s_k）（$k=0$，…，$L-1$），此时图像的熵为：

$$\tilde{H}=-\sum_{i=0}^{L-1}p_s(s_i)\log_2 p_s(s_i) \tag{4-18}$$

一幅图像的熵是该图像的平均信息量，即图像中各灰度级比特数的统计平均值。假设各灰度级间相互独立，那么图像的熵是无失真压缩的下界。

二、熵编码算法

信息论给出了无失真编码所需比特数的下限。为了逼近这个下限，提出了一系列熵编码算法。熵编码是纯粹基于信号统计特性的编码技术，是一种无损编码，其基本原理是给出现概率较大的符号赋予一个短码字，给出现概率较小的符号赋予一个长码字，从而使得最终的平均码长较小。常用的熵编码算法有哈夫曼编码、香农－范诺编码和算术编码，下面将对这些熵编码算法进行详细介绍。

（一）哈夫曼编码

哈夫曼编码是一种可变字长编码。哈夫曼编码是哈夫曼于 1952 年提出的一种编码方法，该方法完全依据字符出现的概率来构造异字头的平均长度最短的码字，有时称之为最佳编码。简单来说，由于图像中表示颜色的数据出现的概率不同，哈夫曼编码对出现频率高的字符赋予较短字长的码，对出现频率低的字符赋予较长字长的码，从而减少总的代码量，但不减少总的信息量。编码步骤如下：

（1）初始化，根据符号出现概率的大小，按照由大到小的顺序对符号进行排序；

（2）把概率最小的两个符号组成一个节点 *P*1；

（3）重复步骤（2），得到节点 *P*2、*P*3 和 *P*4，形成一棵“树”，其中的 *P*4 称为根节点；

（4）从根节点 *P*4 开始到相应于每个符号的“树叶”，从上到下标上“0”（上枝）或者“1”（下枝），至于哪个为“1”哪个为“0”则无关紧要，最后的结果仅仅是分配的代码不同，但代码的平均长度是相同的；

（5）从根节点 *P*4 开始顺着树枝到每个叶子，分别写出每个符号的代码。

假如有 A、B、C、D、E 5 个字符，出现的频率（即权值）分别为 5、4、3、2、1，那么我们第一步先取两个最小权值作为左右子树构造一个新树，即取 1 和 2 构成新树，其节点权值为 1+2=3，虚线表示新生成的节点，如图 4-1 所示。

第二步再把新生成的权值为 3 的节点放到剩下的集合中，所以集合变成{5, 4, 3, 3}，再进行步骤（2），取最小的两个权值构成新树，如图 4-2 所示；再依次建立哈夫曼树，如图 4-3 所示；最后将叶子节点的各个权值替换为对应的字符，即为图 4-4。

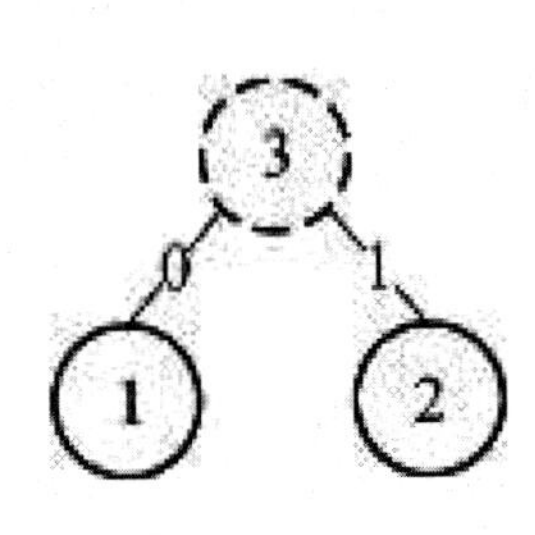

图 4-1 取最小权值构造新树

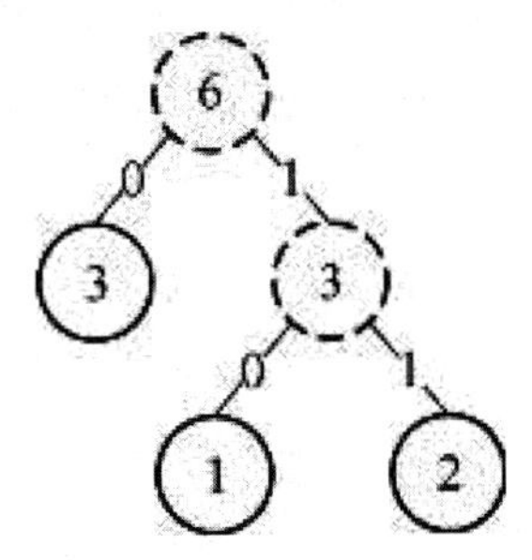

图 4-2 取剩余集合中最小的两个权值构成新树

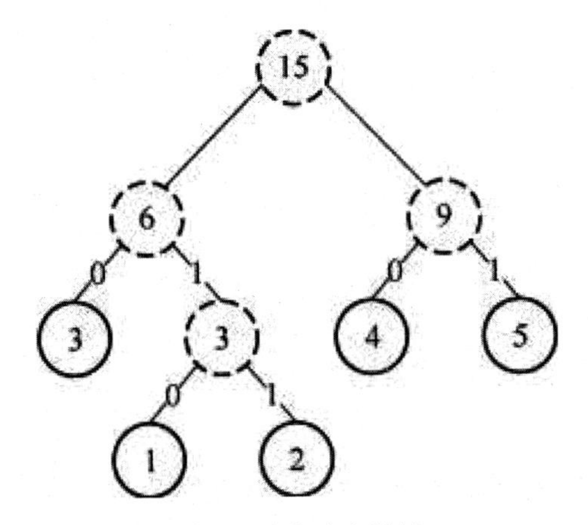

图 4-3 建立哈夫曼树

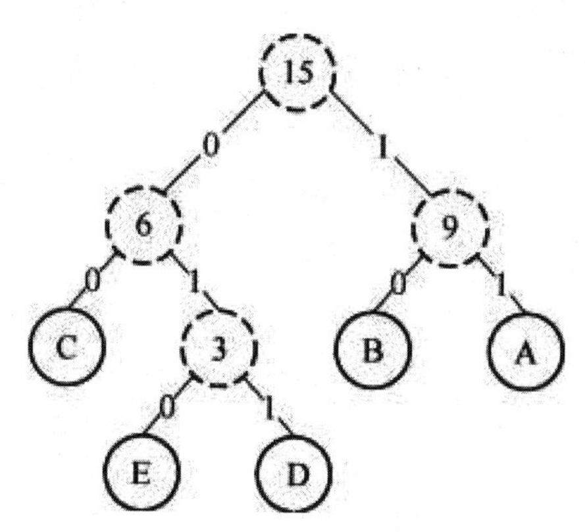

图 4-4 将哈夫曼树中的叶子节点用字符代替

所以，各字符对应的编码为：A→11，B→10，C→00，D→011，E→010。哈夫曼编码的带权路径权值＝叶子节点的值×叶子节点的高度（根节点为 0），因此图 4-3 的带权路径长度为（3＋4＋5）×2＋（1＋2）×3＝33。至此，哈夫曼编码全过程完成。

（二）香农－范诺编码

和哈夫曼编码一样，香农－范诺编码也是用一棵二叉树对字符进行编码。但在实际操作中，由于香农－范诺编码与哈夫曼编码相比，编码效率较低，或者说平均码字长度较大，所以香农－范诺编码并没有很大用处。然而，香农－范诺编码的基本思路仍然具有参考价值，其实际算法也较为简单。具体的编码步骤如下：

（1）对于一个给定的符号列表，按符号出现的概率从大到小排序；

（2）将符号列表分为两部分，使左边部分符号出现的总频率和尽可能接近右边部分符号出现的总频率和；

（3）为该列表的左半边分配二进制数字 0，右半边分配二进制数字 1。这意味着，处于左半部分列表中的符号都将从 0 开始编码，右半部分列表中的符号都将从 1 开始编码。

（4）对列表的左边、右边递归进行步骤（3）和步骤（4）的操作，细分群体，并添加位的代码，直到每个符号都成为相应的代码树的叶节点，即可结束。

表 4-2 展示了一组字母的出现次数及出现概率，并已经按照由大到小的顺序排列。

表 4-2 各字母的出现次数及出现概率表

符号	A	B	C	D	E
次数	15	7	6	6	5
概率	0.384 615 38	0.179 487 18	0.153 846 15	0.153 846 15	0.128 205 13

在字母 B 与 C 之间划定分割线，得到了左右两组字母，左右两组字母的总出现次数分别为 22 和 17，这样的划分方式已经将两组的差异降到最小。通过这样的分割，A 和 B 同时拥有了一个以 0 开头的编码，而 C、D、E 则是以 1 开头的编码。随后，在树的左半边，于 A 和 B 之间建立新的分割线，这样 A 就成了编码为 00 的叶子节点，B 的编码为 01。经过四次分割，得到一个树形编码。如表 4-3 所示，在最终得到的树中，拥有较大频率的符号为两位编码，其他两个频率较低的符号为三位编码。

表 4-3 各字母最终编码表

符号	A	B	C	D	E
编码	00	01	10	110	111

根据 A、B、C 两位编码长度，D、E 的三位编码长度，最终的平均码字长度为：

$$\frac{2\times(15+7+6)+3\times(6+5)}{39}\approx 2.28 \tag{4-19}$$

（三）算术编码

算术编码是一种无损数据压缩方法，也是一种熵编码的方法。与其他熵编码方法不同的是，其他熵编码方法通常将输入的消息分割为符号，然后对每个符号进行编码，而算术编码则将整个要编码的数据映射到一个位于[0，1）的实数区间中。利用这种方法，算术编码可以使压缩率无限接近数据的熵值，从而获得理论上的最高压缩率。

算术编码使用两个基本参数：信源符号的概率和它的编码区间。信源符号的概率决定压缩编码的效率，也决定编码过程中符号的区间，而这些区间包含在 0～1 之间。编码过程中的区间决定了符号压缩后的输出值区间。

算术编码可以是静态的或者自适应的。在静态算术编码中，信源符号的概率是固定的；而在自适应算术编码中，信源符号的概率根据编码时符号出现的频率动态地进行调整。需要开发动态算术编码是因为事先准确地知道符号的概率是很难的，而且是不切实际的。当压缩消息时，我们不能期望一个算术编码器获得最大的效率，最有效的方法是在编码过程中估算概率。因此，动态建模成为确定编码器压缩效率的关键。在自适应算术编码中，编码开始时，各个符号出现的概率相同，都为 $1/n$，随着编码的进行再更新概率。

算术编码的步骤如下：

（1）编码器在开始时将“当前区间”[L，H）设置为[0，1）。

（2）对每一个输入事件，编码器均按下面的步骤进行处理：

①编码器将“当前区间”分为若干个子区间，每一个事件对应一个子区间，一个子区间的大小与该事件出现的概率成正比；

②编码器选择与下一个发生事件相对应的子区间，并使它成为新的“当前区间”。

（3）最后输出的“当前区间”的下边界就是该给定事件序列的算术编码。

在算术编码中需要注意以下几个问题：

（1）由于实际计算机的精度不可能无限高，运算中出现溢出是一个不可避免的问题，但多数机器都有 16 位、32 位或者 64 位的精度，因此这个问题可以使用比例缩放方法解决。

（2）算术编码器对整个消息只产生一个码字，这个码字是在间隔[0，1）中的一个实数，因此译码器在接收到表示这个实数的所有位之前不能进行译码。

（3）算术编码是一种对错误非常敏感的编码方法，如果有一位发生错误，就会导致整个消息译错。

下面列举两个例子分别展示静态算术编码和自适应算术编码的编码过程。

【例 4-4】在静态算术编码中，假设信源符号为{A，B，C，D}，这些符号的概率分别为｛0.1，0.4，0.2，0.3}，根据这些概率可以将间隔[0，1）分成4个子间隔：[0，0.1），[0.1，0.5），[0.5，0.7），[0.7，1）。其中[*x*，*y*）表示半开放间隔，即包含 x 不包含 y。将题目信息整合为表 4-4。

表 4-4 信源符号、概率和初始编码间隔

符号	A	B	C	D
概率	0.1	0.4	0.2	0.3
初始编码间隔	[0，0.1）	[0.1，0.5）	[0.5，0.7）	[0.7，1）

如果二进制消息序列的输入为 CADACDB，编码时首先输入的符号是 C，找到它的编码范围是[0.5，0.7）；由于消息中第 2 个符号 A 的编码范围是[0，0.1），因此它的间隔就取[0.5，0.7）的第 1 个 1/10 作为新间隔[0.5，0.52）；以此类推，编码第 3 个符号 D 时取新间隔为[0.514，0.52），编码第 4 个符号 A 时取新间隔为[0.514，0.5146），…。消息的编码输出可以是最后一个间隔中的任意数。整个编码过程如图 4-4 所示。

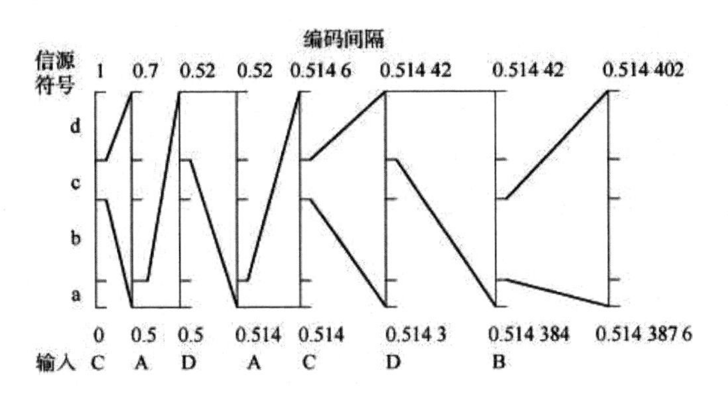

图 4-4 静态算术编码的编码过程

取一个 0.514 387 6～0.514 402 之间的数 0.514 387 6，将十进制小数转换为二进制，此时，（0.514 387 6）D≈（0.100 000 1）B，去掉小数点和前面的 0，得 1000001，所以 CADACDB 的编码为 1000001，长度为 7。编码和译码的全过程如表 4-5 和表 4-6 所示。

表 4-5 编码过程

步骤	输入符号	编码间隔	编码判决
1	C	[0.5，0.7）	符号的间隔范围[0.5，0.7）
2	A	[0.5，0.52）	[0.5，0.7）间隔的第 1 个 1/10
3	D	[0.514，0.52）	[0.5，0.52）间隔的第 8~10 个 1/10
4	A	[0.514，0.514 6）	[0.514，0.52）间隔的第 1 个 1/10
5	C	[0.514 3，0.514 42）	[0.514，0.514 6）间隔的第 6~7 个 1/10
6	D	[0.514 384，0.514 42）	[0.5143,0.51442）间隔的第 8~10 个 1/10
7	B	[0.514 38 76，0.514 402）	[0.514 384，0.514 42）间隔的第 2~5 个 1/10
8	从[0.514 387 6，0.514 402）中选择一个数作为输出：0.514 387 6		

表 4-6 译码过程

步骤	间隔	译码符号	译码判决
1	[0.5，0.7）	C	0.514 387 6 在间隔[0.5，0.7）
2	[0.5，0.52）	A	0.514 387 6 在间隔[0.5，0.7）的第 1 个 1/10
3	[0.514，0.52）	D	0.514 387 6 在间隔[0.5，0.52）的第 8 个 1/10
4	[0.514，0.5146）	A	0.514 387 6 在间隔[0.514，0.52）的第 1 个 1/10
5	[0.5143，0.514 42）	C	0.514 387 6 在间隔[0.514，0.514 6）的第 7 个 1/10
6	[0.5143 84，0.514 42）	D	0.514 387 6 在间隔[0.5143，0.514 42）的第 8 个 1/10
7	[0.514 387 6，0.514 402）	B	0.514 387 6 在间隔[0.514 384，0.5144 42）的第 2 个 1/10
8	译码的信息：C A D A C D B		

【例 4-5】在自适应算术编码中，假设一份数据由 A、B、C 三个符号组成，现在要编码数据 BCCB，编码过程如图 4-5 所示。

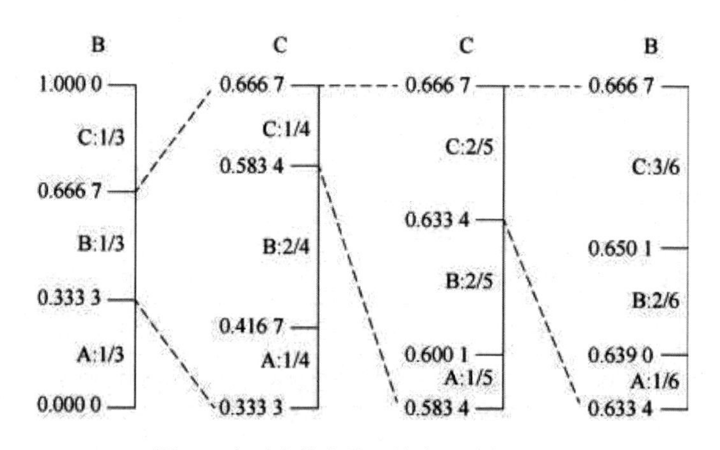

图 4-5 自适应算术编码的编码过程

（1）算术编码从区间[0，1）开始，这时三个符号的概率都是 1/3，按照这个概率分割区间。

（2）第 1 个输入的符号是 B，所以我们选择子区间[0.333 3，0.666 7）作为下一个区间。

（3）输入 B 后更新概率，根据新的概率对区间[0.333 3，0.666 7）进行分割。

（4）第 2 个输入的符号是 C，选择子区间[0.583 4，0.666 7）。

（5）以此类推，根据输入的符号继续更新频度、分割区间、选择子区间，直到符号全部编码完成。

最后得到的区间是[0.639 0，0.650 1），输出属于这个区间的一个小数，如 0.64。那么经过算术编码的压缩，数据 BCCB 最后输出的编码就是 0.64。

算术编码进行解码时仅输入一个小数，整个过程相当于编码时的逆运算。解码过程如下。

（1）解码前首先需要对区间[0，1）按照初始时的符号频度进行分割，然后观察输入的小数位于哪个子区间，输出对应的符号。

（2）之后选择对应的子区间，然后从选择的子区间中继续进行下一轮的分割。

（3）不断地进行这个过程，直到所有的符号都解码出来。

在本例中，输入的小数是 0.64。

（1）初始时 3 个符号的概率都是 1/3，按照这个概率分割区间。

（2）根据上图可以发现 0.64 落在子区间[0.333 3，0.666 7）中，于是可以解码出 B，并且选择子区间[0.333 3，0.666 7）作为下一个区间。

（3）输出 B 后更新频度，根据新的概率对区间[0.333 3，0.666 7）进行分割。

（4）这时 0.64 落在子区间[0.583 4，0.666 7）中，于是可以解码出 C。

（5）按照上述过程进行，直到所有符号都解码出来。

可见，只需要一个小数就可以完整还原出原来的所有数据。

第三节 预测编码

一、基本思想和原理

预测编码是根据离散信号之间存在一定关联性的特点，利用前面一个或多个信号预测下一个信号，然后对实际值和预测值的差（预测误差）进行编码。如果预测比较准确，误差就会很小，在同等精度要求的条件下，就可以用比较少的比特进行编码，达到压缩数据的目的。

在进行预测编码时，利用以往的样本值对新样本值进行预测，将新样本值的实际值与其预测值相减，得到误差值，对该误差值进行编码，传送此编码即可。理论上，数据源可以准确地用一个数学模型表示，使其输出数据总是与模型输出的一致，因此可以准确地预测数据。但是实际上，预测器不可能找到如此完美的数学模型；预测本身不会造成失真。误差值的编码可以采用无损压缩编码或有损压缩编码。

二、无损压缩编码

无损压缩编码的基本原理是相同的颜色信息只需保存一次。压缩图像的软件首先会确定图像中哪些区域是相同的，哪些是不同的。有重复数据的图像（如蓝天）就可以被压缩，只有蓝天的起始点和终结点需要被记录下来。但是蓝色可能还会有不同的深浅，天空有时也可能被树木、山峰或其他对象遮盖，这些就需要另外记录。从本质上看，无损压缩编码可以删除一些重复数据，大大减少要在磁盘上保存的图像尺寸。但是，无损压缩编码并不能减少图像的内存占用量，这是因为，当从磁盘上读取图像时，软件又会把丢失的像素用适当的颜色信息填充进来。如果要减少图像占用内存的容量，就必须使用有损压缩编码。无损压缩编码的优点是能够较好地保存图像的质量，但是压缩率比较低。如果需要将图像用高分辨率的打印机打印出来，最好还是使用无损压缩编码。

三、有损压缩编码

有损压缩编码通过牺牲图像的准确性来达到加大压缩率的目的。如果能够容忍解压缩后的结果中有一定的误差，那么压缩率可以显著提高。在图像压缩率大于 30∶1 时，仍然能够重构图像；在图像压缩率为 10∶1～20∶1 时，重构图像与原图几乎没有差别；无损压缩编码的压缩率很少有超过 3∶1 的。这两种压缩方法的根本差别在于是否有量化模块。

在无损模型上加一个量化器就构成有损预测编码系统，即 DPCM 系统。该量化器将预测误差映射成有限范围内的输出，表示为 e_n。量化器决定了压缩率和失真量。

第四节 变换编码

变换编码是 Pratt 于 1968 年首先提出的，采用傅立叶变换。后来相继出现了 Walsh 变换、斜变换、K-L 变换以及离散余弦变换等。

变换编码是从频域的角度减小图像信号的空间相关性，它在降低码率等方面取得了与预测编码相近的效果。进入 20 世纪 80 年代后，逐渐形成了一套运动补偿和变换编码相结合的混合编码方案，大大推动了数字视频编码技术的发展。20 世纪 90 年代初，ITU 提出了著名的针对会议电视应用的视频编码——H.261，这是第一个得到广泛使用的混合编码方案。之后，随着不断改进的视频编码标准和建议（如 H.264，MPEG1/MPEG2/MPEG4）的推出，混合编码技术逐渐趋于成熟，成为一种应用最广泛的数字视频编码技术。

变换编码不是直接对空间域图像信号进行编码，而是首先将空间域图像信号映射变换到另一个正交矢量空间（变换域或频域），产生一批变换系数，然后对这些变换系数进行编码处理。变换编码是一种间接编码方法，其关键问题在于在时域或空间域描述时，数据之间的相关性较大，数据冗余度高。经过变换后，在变换域中描述，数据的相关性大大减少，数据冗余量减少，参数独立，数据量减少，这样再进行量化和编码，就能得到较大的压缩率。典型的准最佳变换有离散余弦变换（Discrete Cosine Transform，以下简称 DCT）、离散傅立叶变换（Discrete Fourier Transform，以下简称 DFT）、沃尔什－阿达玛变换（Walsh Hadamard Transform，以下简称 WHT）、哈尔变换（Haar Transform，以下简称 HrT）等。其中，最常用的是离散余弦变换。

在变换编码中的比特分配中，分区编码是基于最大方差准则；阈值编码是基于最大幅度准则。变换编码是失真编码的一种重要类型。一般来说，信号压缩是指将信号进行处理后，在某个正交基下变换为展开系数，按一定量级呈指数衰减，具有非常少的大系数和许多小系数的信号。这种通过变换实现压缩的方法称为变换编码。

第五节 国际标准简介

（一）基本知识

制定图像标准的国际组织主要有以下三个：

（1）国际标准化组织（International Standardization Organization，以下简称 ISO）；

（2）国际电信联盟（International Telecommunication Union，以下简称 ITU）；

（3）国际电信联盟的前身是国际电话电报咨询委员会（Consultative Committee of the International Telephone and Telegraph，以下简称 CCITT）。

（二）静止图像压缩标准

用于静止图像数据压缩的编码算法为 JPEG 算法，它是一种用于静止图像压缩的国际标准，其应用有效地促进了静止图像的传输和存储的发展。

（三）序列图像压缩标准

（1）H.26X 标准：即 H.261/H.263 标准，是由 CCITT 制定的。CCITT 位于瑞士日内瓦，现在被称为 ITU-T（国际电信联盟电信标准化部门），是世界上主要的制定和推广电信设备和系统标准的国际组织。

（2）MPEG 标准：是由国际标准化组织（ISO）和国际电工委员会（IEC）联合成立的专家组开发的一套标准，这个开发组主要负责开发电视图像数据和声音数据的编码、解码及其同步等标准。MPEG 标准主要包括 MPEG 视频、MPEG 音频和 MPEG 系统（视音频同步）三个部分。MPEG 标准是针对运动图像而设计的，其平均压缩率可达 50∶1，压缩率较高，且具有统一的格式，兼容性较好。MPEG 标准阐明了声音和电视图像的编码和解码过程，严格规定了声音和图像数据编码后组成比特流的句法，并提供了解码器的测试方法等。

（3）AVS 标准：是中国自主制定的音视频编码技术标准，制定这一标准的主要原因是 MPEG 标准需支付专利费用。AVS 标准主要面向高清晰度电视、高密度光存储媒体等应用中的视频压缩。2002 年正式成立数字音视频编解码技术标准工作组，2006 年 3 月 1 日正式开始实行。

第六节 图像压缩技术应用与系统设计

一、图像压缩技术概述

图像压缩技术是图像处理相关问题中的基础问题之一，也是近年来学术界研究的热点问题。由于高质量的原始图片包含的信息量非常大，并且存在大量的冗余信息，所以数字图像的压缩具有广阔的前景。尽管目前的存储设备成本不断下降，但随着互联网的普及，对图像高比率压缩的需求依然存在。

一幅普通的未经压缩的图像可能需要几兆字节的存储空间，一个时长仅为 1 秒的未经压缩的视频文件所需的存储空间甚至能达到上百兆字节，这给普通计算机的存储空间和常用网络的传输带宽带来了巨大的压力。静止图像是不同媒体的构建基础，对其进行压缩不仅是各种媒体压缩和传输的基础，其压缩效果也是影响媒体压缩效果的关键因素。基于这种考虑，本案例主要研究静止图像的压缩技术。

本节以“基于哈夫曼图像压缩重建”这一案例为例，采用基于哈夫曼压缩及解压缩的流程来执行拼接操作。实验载入图片文件夹作为待压缩对象，通过进行对图片的哈夫曼压缩、解压缩并通过显示对比来检验压缩效果，最后通过计算 PSNR 值来对比哈夫曼压缩的效果。“基于哈夫曼图像压缩重建”一方面形象地展示了图像压缩技术；另一方面，不同功能的系统有不同的实现模块，需具体问题具体分析，但该部分的实验思路可供参考。

二、理论基础

哈夫曼编码完全依据字符出现的概率来构造异字头的平均长度最短的码字，称之为最佳编码。哈夫曼编码将使用频率较高的字符用较短的编码代替，将使用频率较低的字符用较长的编码代替，并且确保编码的唯一可解性。其根本原则是压缩编码的长度（即字符的统计数字×字符的编码长度）最小，也就是权值和最小。

哈夫曼编码是一种无损压缩方法，其一般算法如下：

（1）符号概率：统计信源中各符号出现的概率，按符号出现的概率从大到小排序。

（2）合并概率：提取最小的两个概率并将其相加，合并成新的概率，再将新概率与剩余的概率集合。

（3）更新概率：将合并后的概率集合重新排序，再次提取其中最小的两个概率，相加得到新的概率，进而组成新的概率集合。如此重复进行，直到剩余最后两个概率之和为 1。

（4）分配码字：分配码字从最后一步开始逆向进行，对于每次相加的两个概率，大概率赋 0，小概率赋 1。当然，也可以反过来赋值，即大概率赋 1，小概率赋 0。特别地，如果两个概率相等，则从中任选一个概率赋 0，另一个概率赋 1。依次重复该步骤，从第一次赋值开始循环处理，直到最后的码字概率和为 1 时结束。将中间过程中所遇到的 0 和 1 按从最低位到最高位的顺序排序，就得到了符号的哈夫曼编码。

哈夫曼编码是最佳的变长编码，其特点如下：

（1）可重复性：哈夫曼编码不唯一。

（2）效率差异性：哈夫曼编码对于不同的信源往往具有不同的编码效率。

（3）不等长性：哈夫曼编码的输出内容不等长，因此给硬件实现带来一定的困难，也在一定程度上造成了误码传播的严重性。

（4）信源依赖性：哈夫曼编码的运行效率往往要比其他编码算法高，是最佳的变长编码。然而，哈夫曼编码以信源的统计特性为基础，必须先统计信源的概率特性才能编码，因此对信源具有依赖性，这也在一定程度上限制了哈夫曼编码的实际应用。

三、系统设计与实现

（一）设计图形用户界面（Graphical User Interface，以下简称GUI）

为提高哈夫曼压缩及解压缩前后的图像对比效果，可设计 GUI 窗体，载入图片文件并进行显示，执行哈夫曼压缩和解压缩的操作流程。软件通过菜单来关联相关功能模块，包括文件载入和压缩算法选择等；通过加入图像显示模块来对压缩前后的图像进行直观对比；通过压缩文本区来显示压缩过程中产生的详细信息。为了能有效地进行不同的实验，在程序启动及载入图像时，均自动调用窗体初始化函数，用于清理坐标显示区域的图像等信息，避免对之前的实验产生干扰。

（二）压缩重构

基于哈夫曼编码的压缩属于无损压缩编码，其程序实现的基本思路如下：

（1）频次统计：输入一个待编码的向量，这里简称为串，统计串中各字符出现的次数，称之为频次。假设串中含有 n 个不同的字符，统计频次的数组为 count [ ]，则哈夫曼编码每次找出 count [ ]数组中最小的两个值分别作为左、右孩子节点，建立其父节点。

（2）循环建树：通过循环进行频次统计操作，构建哈夫曼树。在建哈夫曼树的过程中首先把 count [ ]数组内的 n 个值初始化为哈夫曼树的 n 个叶子节点，并将孩子节点的标号初始化为-1，父节点则初始化为其本身的标号。

（3）循迹编码：选择哈夫曼树的叶子节点作为起点，依次向上查找。假设当前节点的标号是 *i*，那么其父节点是 Huffmantree[*i*] .parent，满足如下条件：如果 *i* 是 Huffmantree[*i*] .parent 的左孩子节点，则该节点的路径为 0；如果 *i* 是 Huffmantree[*i*] .parent 的右孩子节点，则该节点的路径为 1。在循环过程中，如果向上查找到某节点的父节点标号就是其本身，则说明该节点已经是根节点，进而停止查找。此外，在查找当前权值最小的两个节点时，父节点不是其本身节点的已经被查找过，因此可以直接略过，减少程序的冗余消耗。

（三）效果对比

为了检验对图片进行哈夫曼压缩及解压缩的效果，可编写程序计算压缩率及 PSNR 值，用于表示压缩效果。压缩结果表明，哈夫曼图像压缩可以在无损的前提下有效地进行图像的编解码，具有良好的压缩率。解压缩后的图像与原始图像相比也具有较高的 PSNR 值，可以有效地节省图像在传输、存储等过程中所需要的资源消耗，提高图像处理的效率。

（四）图像压缩应用拓展

随着网络信息技术的飞速发展，信息高效快速地传输已经变得越来越重要，而传输信息需要先经过编码，然后译码。因此，编码技术的提高对整个信息产业的发展具有举足轻重的作用。在无损压缩编码方面，哈夫曼编码具有最佳编码的美誉；在有损压缩编码方面，预测编码和变换编码也各有所长。因此，对于不同的应用场景，可以根据所处理对象和系统要求选择不同的编码算法，以提高算法的适用性。

第五章 计算机图像分割技术

第一节 概述

图像分割指的是根据灰度、颜色、纹理和形状等特征将图像划分成若干互不重叠的区域，使这些特征在同一区域内呈现出相似性，而在不同区域间呈现出明显的差异性。现有的图像分割方法主要包括基于阈值的分割方法、基于边缘的分割方法和基于区域的分割方法三种。

（1）基于阈值的分割方法

阈值法的基本思想是基于图像的灰度特征来计算一个或多个灰度阈值，并将图像中每个像素的灰度值与阈值相比较，最后将像素根据比较结果分到合适的类别中。因此，该类方法最为关键的一步就是按照某个准则函数来求解最佳灰度阈值。在本章第二节中会对阈值分割算法做详细介绍。

（2）基于边缘的分割方法

边缘是指图像中两个不同区域边界线上连续的像素点的集合，是图像局部特征不连续性的反映，体现了灰度、颜色、纹理等图像特性的突变。通常情况下，基于边缘的分割方法指的是基于灰度值的边缘检测。在本章第三节中会对边缘检测算法做详细介绍。

（3）基于区域的分割方法

基于区域的分割方法是将图像按照相似性准则分成不同的区域，主要包括区域生长法、分水岭法等几种类型。本章第四节将对区域分割算法进行详细介绍。

第二节 阈值分割

一、基本原理

阈值分割是一种常见的根据图像像素灰度值的不同直接对图像进行分割的算法。对于单一目标图像，只需选取一个阈值即可将图像分为目标和背景两大类，这称为单阈值分割；如果目标图像复杂，则需选取多个阈值才能将图像中的目标区域和背景分割成多个部分，这称为多阈值分割。阈值分割的显著优点是成本低廉且实现简单。当目标和背景区域的像素灰度值或其他特征存在明显差异时，该算法能非常有效地实现图像分割。阈值分割方法的关键在于如何选取一个合适的阈值。下面分别介绍人工阈值和自适应阈值在图像分割过程中对阈值的选取。

二、人工阈值

人工阈值是指我们根据图像处理的先验知识，对图像中的目标与背景进行分析，通过对像素的判断，选择出阈值所在的区间，并通过实验对比，最终选择出较好的阈值。这种方法虽然可行，但效率较低且不能自动实现阈值的选取，仅适用于包含较少样本图片的阈值选取过程。

三、自适应阈值

自适应阈值的实质是局部阈值法，其思路不是计算全局图像的阈值，而是根据图像不同区域的亮度分布，计算其局部阈值，即能够自适应计算图像不同区域的阈值。

（一）迭代法

迭代法首先选择一个阈值作为初始估计值，然后通过对图像的多次计算对阈值进行改进，直到满足给定的准则为止。迭代过程的关键在于阈值改进策略的选择。好的阈值改进策略应该具备两个特征：一是能够快速收敛；二是在每一个迭代过程中，新产生的阈值优于上一次的阈值。迭代法的具体处理流程如下：

（1）选取一个初始估计值 T；

（2）用 T 分割图像，生成两组像素集合，G_1 由所有灰度值大于 T 的像素组成，而 G_2 由所有灰度值小于或等于 T 的像素组成；

（3）对 G_1 和 G_2 中所有像素计算平均灰度值 u_1 和 u_2；

（4）计算新的阈值 $T=1/2（u_1+u_2）$。

重复步骤（2）～（4），直到得到的 T 值小于一个事先定义的参数 T 后停止循环。

（二）最大类间方差法

最大类间方差法，又称 Otsu 算法，其基本原理是选取最佳阈值将图像的灰度值分割成背景和前景两部分，使两部分之间的方差最大，即具有最大的分离性。该算法是在灰度直方图的基础上采用最小二乘法原理推导出来的，被认为是图像分割中阈值选取的最佳算法。由于计算简单，不受图像亮度和对比度的影响，该算法在数字图像处理上得到了广泛应用。其缺点是对图像噪声比较敏感，并且只能针对单一目标进行分割。当目标和背景大小比例悬殊时，类间方差函数可能呈现双峰或者多峰，此时效果不佳。具体的最大类间方差法处理流程如下：

记 T 为前景与背景的分割阈值，前景点数占图像比例为 w_0，平均灰度为 μ_0；背景点数占图像比例为 w_1，平均灰度为 μ_1，图像的总平均灰度为 μ，前景和背景图像的方差为 g，则有：

$$w_0 + w_1 = 1 \tag{5-1}$$

$$\mu = w_0\mu_0 + w_1\mu_1 \tag{5-2}$$

$$g = w_0\left(\mu_0 - \mu\right)^2 + w_1\left(\mu_1 - \mu\right)^2 \tag{5-3}$$

化简得：

$$g = w_0 w_1\left(\mu_0 - \mu_1\right)^2 \tag{5-4}$$

当方差 g 最大时，可以认为此时前景和背景差异最大，此时的灰度 T 是最佳阈值。

第三节 边缘检测

一、基本原理

边缘存在于目标、背景和区域之间，指其周围像素灰度急剧变化的像素集合，是图像最基本的特征。边缘检测是所有基于边缘的分割方法的第一步，一般常用一阶导数和二阶导数检测边缘。

图 5-1 展示了几幅典型的示意图像。第一排是具有边缘的图像示例，第二

排是沿图像水平方向的一个剖面图，第三和第四排分别为剖面的一阶和二阶导数图像。由于采样，数字图像中的边缘总有一些模糊，所以这里垂直上下的边缘剖面都表示为有一定的坡度。

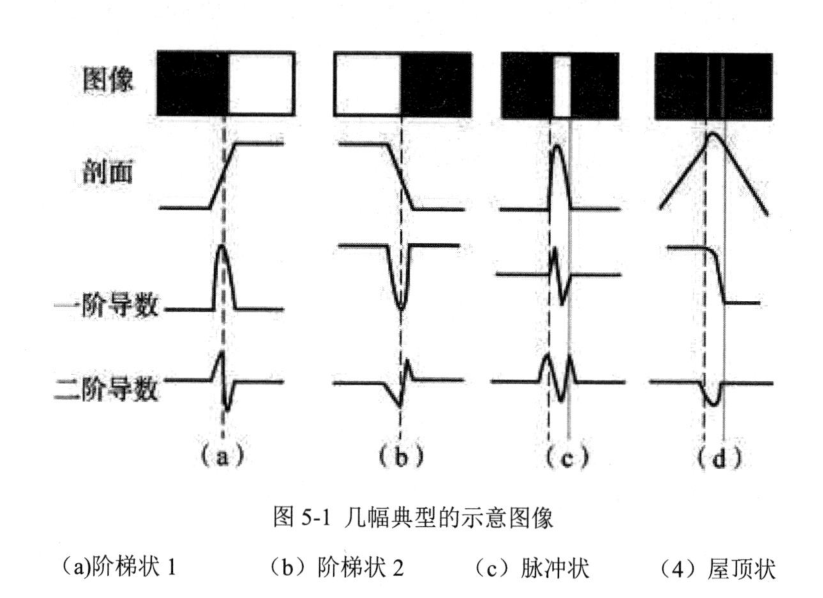

图 5-1 几幅典型的示意图像

(a)阶梯状 1　　（b）阶梯状 2　　（c）脉冲状　　（4）屋顶状

由图 5-1 可得，常见的边缘剖面有以下 3 种。

（1）阶梯状：如图 5-1（a）、5-1（b）所示，阶梯状的边缘处于图像中两个具有不同灰度值的相邻区域之间。

（2）脉冲状：如图 5-1（c）所示，脉冲状主要对应细条纹的灰度值突变区域，可以看作图 5-1（a）、5-1（b）的两个阶梯状相向靠得很近时的情况。

（3）屋顶状：如图 5-1（d）所示，屋顶状边缘剖面的边缘上升和下降较为缓慢，可以看作是图 5-1（c）中脉冲坡度变小的情况。

在图 5-1（a）中，灰度值剖面的一阶导数在图像由暗变明的位置处有一个向上的阶跃，而在其他位置均为 0。这表明可以用一阶导数的幅度值来检测边缘的存在，幅度峰值一般对应边缘位置。灰度值剖面的二阶导数在一阶导数的阶跃上升区有一个向上的脉冲，而在一阶导数的阶跃下降区有一个向下的脉冲。在这两个阶跃之间有一个过零点，它的位置正对应源图像中边缘的位置。因此，可以用二阶导数的过零点来检测边缘位置，并用二阶导数在过零点附近的符号确定边缘像素在图像边缘的明区或暗区。通过分析图 5-1（b）、5-1（c）和 5-1（d）可以得出相似的结论。

通过以上分析可得，边缘通常可以通过一阶导数或二阶导数检测得到。一阶导数通过幅度峰值来确定边缘的位置，而二阶导数通过过零点来确定边缘的位置。边缘检测算子可以分为以下两类：

（1）一阶导数的边缘算子：将模板作为核与图像的每个像素点，对其进行卷积运算，然后选取合适的阈值来提取图像的边缘，常见的有 Roberts 算子、Prewitt 算子和 Sobel 算子。

（2）二阶导数的边缘算子：依据二阶导数的过零点来检测边缘，常见的有 Laplacian 算子和 Canny 算子。

下面对以上两类边缘检测算子展开详细介绍。

二、Roberts 算子

Roberts 算子又称为交叉微分算法，它是基于交叉差分的梯度算法，通过局部差分计算检测边缘线条，常用于处理具有陡峭且低噪声的图像。其缺点是该算子对边缘的定位不太准确，提取的边缘线条较粗。Roberts 算子的模板由两个部分组成，分别用于水平方向和垂直方向，如式（5-5）和式（5-6）所示。从其模板可以看出，Roberts 算子能较好地增强±45° 的图像边缘。

$$G_x = \begin{bmatrix} -1 & 0 \\ 0 & 1 \end{bmatrix} \tag{5-5}$$

$$G_y = \begin{bmatrix} 0 & -1 \\ 1 & 0 \end{bmatrix} \tag{5-6}$$

式（5-5）求得梯度的第 1 项，式（5-6）求得梯度的第 2 项，然后求和，得到梯度。如将 Roberts 算子模板应用于图 5-2 中的图像模板，可得式（5-7），即：

$$\nabla f = \left|P_9 - P_5\right| + \left|P_8 - P_6\right| \tag{5-7}$$

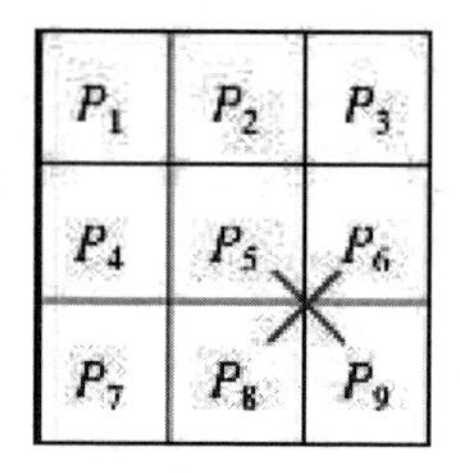

图 5-2 图像模板

对于输入图像 $f(x, y)$，使用 Roberts 算子后输出的目标图像为 $g(x, y)$，则：

$$g(x,y) = \left|f(x+1,y+1) - f(x,y)\right| + \left|f(x,y+1) - f(x+1,y)\right| \tag{5-8}$$

三、Prewitt 算子（平均差分）

Prewitt 算子的原理是利用特定区域内像素的灰度值产生的差分实现边缘检测。Prewitt 算子采用 3×3 模板对区域内的像素值进行计算，Prewitt 算子模板如式（5-9）和式（5-10）所示。Prewitt 算子适合用来识别噪声较多、灰度渐变的图像。

$$G_x = \begin{bmatrix} -1 & -1 & -1 \\ 0 & 0 & 0 \\ 1 & 1 & 1 \end{bmatrix} \tag{5-9}$$

$$G_y = \begin{bmatrix} -1 & 0 & 1 \\ -1 & 0 & 1 \\ -1 & 0 & 1 \end{bmatrix} \tag{5-10}$$

将 Prewitt 算子模板应用于图 5-3 中的图像模板，可得式（5-11），即：

$$\nabla f = \left|\left(P_7 + P_8 + P_9\right) - \left(P_1 + P_2 + P_3\right)\right| + \left|\left(P_3 + P_6 + P_9\right) - \left(P_1 + P_4 + P_7\right)\right| \tag{5-11}$$

P_1	P_2	P_3
P_4	P_5	P_6
P_7	P_8	P_9

图 5-3 图像模板

对于输入图像 $f(x, y)$，使用 Prewitt 算子后输出的目标图像为 $g(x, y)$，则：

$$g(x,y) = \left| \begin{array}{l} \left[f(x-1,y+1) + f(x,y+1) + f(x+1,y+1)\right] \\ -\left[f(x-1,y-1) + f(x,y-1) + f(x+1,y-1)\right] \end{array} \right| + \left| \begin{array}{l} \left[f(x+1,y-1) + f(x+1,y) + f(x+1,y+1)\right] \\ -\left[f(x-1,y-1) + f(x-1,y) + f(x-1,y+1)\right] \end{array} \right| \tag{5-12}$$

Prewitt 算子在灰度渐变图像的边缘提取方面效果较好。此外，由于 Prewitt 算子采用 3×3 模板对区域内的像素值进行计算，而 Roberts 算子的模板为 2×2，因此 Prewitt 算子的边缘检测结果在水平方向和垂直方向均比 Roberts 算子更加明显。

四、Sobel 算子（加权平均差分）

Sobel 算子是一种用于边缘检测的离散微分算子。该算子根据图像边缘旁边的明暗程度，将该区域内超过某个数值的特定点记为边缘。Sobel 算子在 Prewitt 算子的基础上引入了权重的概念，认为相邻点的距离远近对当前像素点的影响是不同的，距离越近的像素点对当前像素的影响越大，从而实现图像锐化并突出边缘轮廓。Sobel 算子根据像素点上下、左右邻点灰度加权差在边缘处达到极值这一现象来检测边缘。由于 Sobel 算子结合了高斯平滑和微分求导，因此结果具有更强的抗噪性。当对图像精度要求不是很高时，Sobel 算子是一种较为常用的边缘检测方法。

Sobel 算子模板如式（5-13）和式（5-14）所示，其中式（5-13）表示水平方向，式（5-14）表示垂直方向。

$$G_x = \begin{bmatrix} -1 & -2 & -1 \\ 0 & 0 & 0 \\ 1 & 2 & 1 \end{bmatrix} \tag{5-13}$$

$$G_y = \begin{bmatrix} -1 & 0 & 1 \\ -2 & 0 & 2 \\ -1 & 0 & 1 \end{bmatrix} \tag{5-14}$$

将 Sobel 算子模板应用于图 5-4 中的图像模板，可得式（5-15），即：

$$\nabla f = \left|\left(P_7 + 2P_8 + P_9\right) - \left(P_1 + 2P_2 + P_3\right)\right| + \left|\left(P_3 + 2P_6 + P_9\right) - \left(P_1 + 2P_4 + P_7\right)\right| \tag{5-15}$$

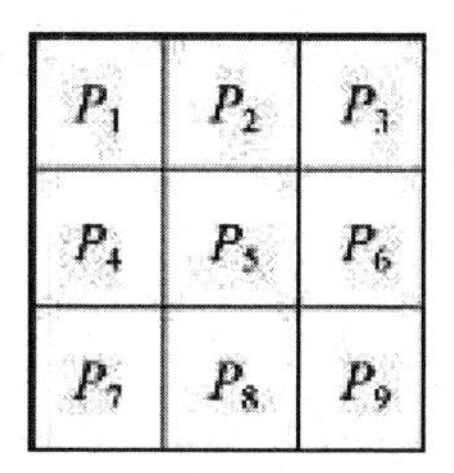

图 5-4 图像模板

对于输入图像 $f(x,y)$，使用 Sobel 算子后输出的目标图像为 $g(x,y)$，则：

$$g(x,y)=\left|\begin{matrix}\left[f(x-1,y+1)+2f(x,y+1)+f(x+1,y+1)\right]\\-\left[f(x-1,y-1)+2f(x,y-1)+f(x+1,y-1)\right]\end{matrix}\right|+\left|\begin{matrix}\left[f(x+1,y-1)+2f(x+1,y)+f(x+1,y+1)\right]\\-\left[f(x-1,y-1)+2f(x-1,y)+f(x-1,y+1)\right]\end{matrix}\right| \tag{5-16}$$

Sobel 算子综合考虑了多个因素，对噪声较多的图像处理效果更佳，且边缘定位效果较好，但检测出的边缘容易出现多像素宽度。因此，Sobel 算子常用于处理噪声较多、灰度渐变的图像。

五、Laplacian 算子

Laplacian 算子是 n 维欧几里得空间中的一个二阶微分算子，常用于图像增强和边缘提取领域。它通过灰度差分计算邻域内的像素。其算法基本流程如下：

（1）判断图像中心像素的灰度值与其周围其他像素的灰度值。如果中心像素的灰度更高，则提升中心像素的灰度；反之，则降低中心像素的灰度，从而实现图像锐化操作。

（2）在算法实现过程中，Laplacian 算子通过对邻域中心像素的 4 方向或

8方向求梯度，再将梯度相加起来判断中心像素灰度与邻域内其他像素灰度的关系。

（3）通过梯度运算的结果对像素灰度进行调整。

Laplacian算子分为4邻域和8邻域，4邻域是对邻域中心像素的4个方向求梯度，8邻域是对8个方向求梯度。Laplacian算子4邻域模板如式（5-17）所示，Laplacian算子8邻域模板如式（5-18）所示：

$$H_1=\begin{bmatrix}0 & -1 & 0\\ -1 & 4 & -1\\ 0 & -1 & 0\end{bmatrix} \tag{5-17}$$

$$H_2=\begin{bmatrix}-1 & -1 & -1\\ -1 & 8 & -1\\ -1 & -1 & -1\end{bmatrix} \tag{5-18}$$

通过Laplacian算子的模板可知：

（1）当邻域内像素灰度相同时，模板的卷积运算结果为0；

（2）当中心像素的灰度高于邻域内其他像素的平均灰度时，模板的卷积运算结果为正数；

（3）当中心像素的灰度低于邻域内其他像素的平均灰度时，模板的卷积运算结果为负数。对卷积运算的结果用适当的衰减因子处理，加在原中心像素上，就可以实现图像的锐化处理。

Laplacian算子对噪声较为敏感，其算法可能会出现双像素边界。因此，该算子常用于判断边缘像素位于图像的明区或暗区，而很少用于边缘检测。

六、Canny算子

Canny算子是约翰·坎尼于1986年开发出来的一个多级边缘检测算法。Canny算子能够从不同的视觉对象中提取有用的结构信息，并大大减少需要处理的数据量，目前已广泛应用于各种计算机视觉系统。约翰·坎尼发现，不同视觉系统对边缘检测的要求较为相似，因此，可以实现一种具有广泛应用意义的边缘检测技术。边缘检测的一般标准如下。

（1）以低的错误率检测边缘，意味着需要尽可能准确地捕获图像中尽可能多的边缘。

（2）检测到的边缘应精确定位在真实边缘的中心。

（3）图像中给定的边缘应只被标记一次，并且在可能的情况下，图像的噪声不应产生虚假的边缘。

Canny 算子由以下 4 个步骤构成：

（1）图像降噪：梯度算子用于增强图像，本质上是通过增强边缘轮廓来实现的，也就是说，梯度算子可以检测到边缘。然而，梯度算子受噪声的影响很大，因此，在处理前先去除噪声是十分必要的。因为噪声是灰度变化很大的地方，所以容易被识别为伪边缘。

（2）计算图像梯度，得到可能的边缘：计算图像梯度能够得到图像的边缘，因为梯度是灰度变化明显的地方，而边缘也是灰度变化明显的地方。但这一步只能得到可能的边缘，因为灰度变化的地方可能是边缘，也可能不是边缘。这一步得到了所有可能是边缘的集合。

（3）非极大值抑制：通常灰度变化的地方都比较集中，因此在局部范围内只保留梯度方向上灰度变化最大的部分，其他的则剔除掉，这样可以去除大部分的点。将多个像素宽的边缘变成单像素宽的边缘，即将“胖边缘”变成“瘦边缘”。

（4）双阈值筛选：经过非极大值抑制后，仍然会有很多可能的边缘点，因此进一步设置双阈值，即低阈值（low）和高阈值（high）。灰度变化大于 high 的部分，设置为强边缘像素；低于 low 的部分则剔除；在 low 和 high 之间的部分设置为弱边缘。进一步判断，如果其邻域内有强边缘像素，则保留；

如果没有，则剔除。因为只保留强边缘轮廓的话，有些边缘可能不闭合，需要从满足 low 和 high 之间的点进行补充，使得边缘尽可能地闭合。

七、算子比较

Roberts 算子：Roberts 算子利用局部差分算子寻找边缘，边缘定位精度较高，但容易丢失部分边缘，同时图像未经过平滑处理，不具备抑制噪声的能力。因此，该算子对具有陡峭边缘且噪声较少的图像效果较好。

Sobel 算子和 Prewitt 算子：这两者都是先对图像进行加权平滑处理，然后再进行微分运算，不同之处在于平滑部分的权值略有差异。因此，它们对噪声具有一定的抑制能力，但不能完全排除检测结果中的虚假边缘。虽然这两个算子的边缘定位效果不错，但检测出的边缘容易出现多像素宽度。

Laplacian 算子：Laplacian 算子是不依赖于边缘方向的二阶微分算子，对图像中的阶跃型边缘点定位准确。该算子对噪声非常敏感，会使噪声成分得到加强。这两个特性使得该算子容易丢失一部分边缘的方向信息，造成一些不连续的检测边缘，同时抗噪声能力比较差。

Canny 算子：Canny 算子虽然是基于最优化思想推导出的边缘检测算子，但实际效果并不一定最优，原因在于理论和实际有许多不一致的地方。该算子同样采用高斯函数对图像做平滑处理，因此具有较强的抑制噪声能力。然而，该算子也会将一些高频边缘平滑掉，造成边缘丢失。

第四节 区域分割

一、区域生长算法

区域生长算法的基本思想是将有相似性质的像素点合并到一起。对每一个区域要先指定一个种子点作为生长的起点，然后将种子点周围邻域的像素点与种子点进行对比，将具有相似性质的点合并起来继续向外生长，直到没有满足条件的像素点被包括进来为止，这样一个区域的生长就完成了。

区域生长是根据事先定义的准则将像素或子区域聚合成更大区域的过程。其基本思想是从一组生长点开始（生长点可以是单个像素，也可以是某个小区域），将与该生长点性质相似的相邻像素或区域与生长点合并，形成新的生长点，重复此过程直到不能继续生长为止。生长点和相似区域的相似性判断依据可以是灰度值、纹理、颜色等图像信息。因此，区域生长算法的关键有三个：选择合适的生长点；确定相似性准则即生长准则；确定生长停止条件。

区域生长算法的步骤如下：

（1）创建一个空白的图像（全黑）。

（2）将种子点存入集合中，集合中存储待生长的种子点。

（3）依次弹出种子点并判断种子点与周围 8 邻域的关系，相似的点则作为下次生长的种子点。

（4）集合中不存在种子点后就停止生长。

二、分水岭算法

分水岭算法是一种基于拓扑理论的数学形态学分割方法，其基本思想是将图像看作测地学上的拓扑地貌。图像中每一个像素的灰度值表示该点的海拔高度。

对于灰度图的地形学解释，一般考虑三类点，如图 5-5 所示。

（1）最小值点：该点对应一个盆地的最低点。当我们在盆地里滴一滴水时，由于重力作用，水最终会汇聚到该点。

注：可能存在一个最小值面，该平面内的点都是最小值点。

（2）盆地的其他点：该位置的水滴会汇聚到局部最小值点。

（3）盆地的边缘点：该点是该盆地和其他盆地的交接点。在该点滴一滴水，会等概率地流向任何一个盆地。

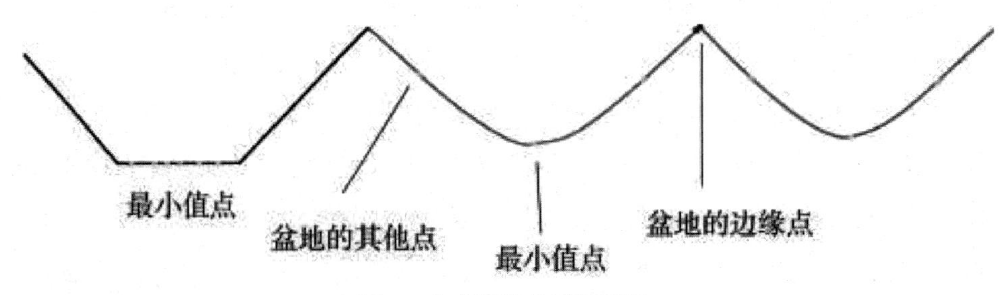

图 5-5 灰度图的地形图解释

假设我们在盆地的最低点打一个洞，然后向盆地内注水，并阻止两个盆地的水汇集。我们会在两个盆地的水汇集的时刻，在交接的边缘线上，即分水岭线上建一个坝，以阻止两个盆地的水汇集成一片水域。这样图像就被分成两个像素集，一个是注水盆地像素集，一个是分水岭线像素集，即可使用分水岭算法实现图像区域分割。

第五节 图像分割技术应用与系统设计

一、图像分割技术应用概述

图像分割技术是计算机视觉领域的重要研究方向，也是图像语义理解的关键环节。它指的是将图像分成若干个具有相似性质的区域的过程。从数学角度来看，图像分割技术是将图像划分成互不相交的区域的过程。近年来，图像分割技术在场景物体分割、人体前背景分割、三维重建等方面取得了显著进展，并已广泛应用于无人驾驶、增强现实、安防监控等领域。

我国国土面积广阔且边界跨度较大，铁路运输连贯性强且网络密集，能够较好地满足辽阔地域之间的运输需求。此外，铁路以其安全、舒适、方便、快捷的运输优势，满足了不同旅客的需要。铁路钢轨故障诊断是确保列车安全运行的重要保障，钢轨在使用过程中会受到挤压、冲击、磨损等影响，健康状况不断恶化，从而形成各种表面缺陷，并随着时间推移不断退化。这些潜在损伤若进一步恶化，可能会导致断轨。当车轮在有表面缺陷的轨道上行进时，不仅会影响乘客的乘车舒适性，还会影响列车的安全运行。因此，如何找到一种能够有效检测高铁钢轨表面缺陷的方法，是铁路系统运转必须解决的首要问题。

本节以“高铁钢轨表面缺陷图像分割系统”的设计与实现为例，从设计的角度讨论各模块实现的功能以及设计这些模块的思路。一方面，将图像分割技术的基本知识应用于当今社会急需解决的问题，能够使读者更具体、更形象地理解图像分割知识的实际运用；另一方面，通过“高铁钢轨表面缺陷图像分割系统”这一实例，能够使读者了解并掌握图像分割系统设计与实现的过程。

高铁钢轨表面缺陷图像分割系统主要包括四大功能模块，分别是图像载入模块、算法实现模块、图像生成模块以及分割算法比较显示模块，其具体功能架构如图 5-6 所示。

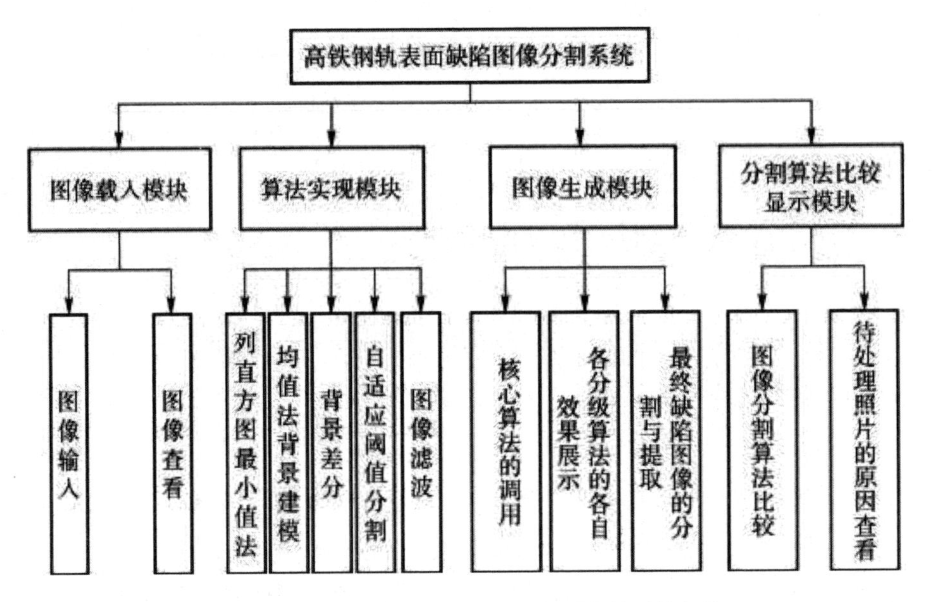

图 5-6 高铁钢轨表面缺陷图像分割系统的功能架构

图 5-6 中各模块的功能介绍如下。

（1）图像载入模块：这是系统的起始功能模块，包括基本的待处理图像输入功能。

（2）算法实现模块：这是系统的核心功能模块，包括整体分割流程的五大类算法。这五大类算法下面包含诸多具体子算法。该模块包含了系统实现的核心技术，是图像分割的主体。

（3）图像生成模块：这是系统最主要的功能模块，包括图像分割算法的调用、图像分割结果的展示、已处理图像保存到本地等功能。

（4）分割算法比较显示模块：这是系统的信息存储模块，包括每次生成的已分割图像效果的显示，以及对以前记录的待处理图像原图的查看功能等。

二、列直方图最小值法

若初始拍摄的图片中含有石块、杂草等，则对钢轨部位的检测会存在影响。

为了减少图像处理的时间并降低图像处理的复杂性，我们需要提取图像中特定的钢轨区域。由于图像中各处的灰度值都有其对应的特点，拍摄图像中钢轨区域的灰度值较高，非钢轨区域由于遍布杂草、石块等，灰度值较钢轨区域低。且钢轨宽度在国家标准下是统一固定的，因此采用列直方图最小值法可以较为完整地提取钢轨区域。

列直方图最小值法的原理是计算图像中每一列的灰度值之和，形成对应的列直方图图像。然后，将提前设定的固定宽度值作为相应间隔，在形成的直方图中搜索最小值，搜索到的这个值就是钢轨区域所对应的位置。根据设定的阈值结合图像的灰度值对钢轨区域进行分割，系统可以设定不同的阈值以查看分割效果。

三、均值建模法

为了后续图像的分割，需要选取适当的背景建模算法用于形成一个正常铁轨表面的背景模型。考虑到适用性与执行效率，在该案例中采用均值建模法实现背景建模。这种方法早期主要应用于视频处理中，用于清除前景中的人或物。固定放置的摄像机拍摄的不同时刻的相同位置的图像的像素值也是不同的，所以均值建模法将某一固定点在不同拍摄时刻的像素值进行相加再取平均，得到的结果便是该点所在位置排除其他物体之后的背景图像，其原理为：

$$K(x,y)=\sum_{i=1}^{n}P_i(x,y) \tag{5-19}$$

式中，（x，y）表示图像中的像素点坐标；

P_i（x，y）表示第 i 帧图像（x，y）点处的像素值；

n 表示图像帧数；

K（x，y）表示均值建模法得到的背景模型图像（x，y）位置的像素灰度值。

该案例中的背景建模算法与动态视频处理中的背景建模算法相比存在一些不同。首先，两者的图像帧数不同；其次是动、静的对象不同。在钢轨表面图像中，背景与缺陷位置是固定的，但相机是运动的，而视频中的情况恰恰相反，视频中是相机固定但目标在运动。对于静态图片中的均值建模法实现背景建模，需要计算图片的每列均值，建立背景图像模型，即：

$$I(x) = \text{mean}(I_y(x)) \tag{5-20}$$

式中，I_y（x）表示静态图像中第 y 列第 x 点位置的像素的灰度值；I_m（x）表示背景图像模型第 m 列第 x 点位置的像素的灰度值。

四、背景差分法

背景差分法是将源图像与背景图像重合相减的过程，通过对两张图像进行差分可以得到目标区域。传统的背景差分法一般用来提取想要分离的运动目标，以便进行目标的识别和分割。如果不考虑噪声 n（x，y，t）的影响，视频帧图像 I（x，y，t）可以看作是由背景图像 b（x，y，t）和运动目标 m（x，y，t）组成，如式（5-21）所示。

$$I(x,y,t) = b(x,y,t) + m(x,y,t) \tag{5-21}$$

由式（5-21）可得运动目标 m（x，y，t），即：

$$m(x,y,t) = I(x,y,t) - b(x,y,t) \tag{5-22}$$

在实际应用中，由于其他干扰因素的影响，式（5-22）很难提取到想要抓取的运动目标，充其量得到运动目标区域和其他干扰因素组成的差分图像 d(x，y，t)，即：

$$d(x,y,t) = I(x,y,t) - b(x,y,t) + n(x,y,t) \tag{5-23}$$

因此需要做进一步处理，如式（5-24）所示：

$$m(x,y,t)=\begin{cases} I(x,y,t),d(x,y,t)\geq T \\ 0,d(x,y,t)<T \end{cases} \tag{5-24}$$

式中，T 表示阈值。

背景差分法流程如图 5-7 所示：

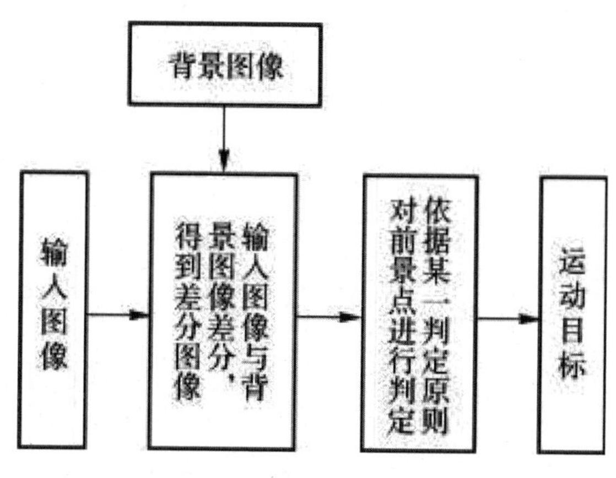

图 5-7 背景差分法流程

五、自适应阈值分割

采用迭代法自适应阈值算法选取分割的阈值，将背景差分运算后得到的图像进行自适应阈值分割处理，可以较容易地判断钢轨是否缺损。

六、图像滤波

钢轨表面经过风霜与时间的摧残，会出现破损、剐蹭等问题。此时拍摄的图片中会出现噪声点。为了去除噪声点，可以采用基于形态学与缺陷面积的滤波方法。当一个点不确定是缺陷还是噪声时，我们称其为疑似点。该方法首先判断疑似点周围的一个小邻域，在这个小邻域中规定一个界限值。如果某个小邻域中存在的点大于这个界限值，则认为该点为缺陷点，否则为噪声点。然后依据此原理进行延伸，再计算去噪后的二值图像中块的面积，并与事先制定的界限值进行比较。若大于给定的界限值，则认为是缺陷，否则为噪声。该方法简单易操作，实时性高。

第六章 Photoshop 图像处理软件的使用技巧

第一节 Photoshop 概述

Adobe Photoshop，简称 PS，是 Adobe Systems 开发和发行的一款图形处理软件，主要处理由像素构成的数字图像。PS 图形处理软件能够打开并处理大部分常见格式的图形文件，如 PNG、JPG 等，也可以使用自己的 PSD 和 PSB 文件格式来支持图像的创建和修改。此外，Photoshop 还支持各类插件或独立于 PS 图形处理软件的程序来拓展功能。

Photoshop 具有风格独特、功能完善、兼容性强、高效灵活等主要特点。具体介绍如下：

（1）操作界面良好、风格独特：

Photoshop 界面风格统一，呈典型的 Windows 窗口界面，用户容易上手；在工作环境的设置上也有相应的特点，设有浮动的控制面板；用户还可以根据需要定制和优化其工作环境。

（2）设有专业的图像处理技术和多种辅助设计手段：

Photoshop 功能完善，具有独特而专业的图形处理技术、实用的工具和高效的设计处理手段。

（3）兼容性强：

Photoshop 可兼容多种外围设备，如键盘、鼠标、扫描仪、数码相机、视频摄像机、各种打印机和图像照相机；对于不同软件生成的图像文件具有很强的兼容性，可处理多种格式的图形图像文件；能够设计和处理 WEB 图像及 GIF 动画；在色彩的位深处理上也可适应不同要求；兼容第三方开发的特效滤镜和插件等。

（4）编辑、撤销、重做与无间断工作流：

在 Photoshop 中，可以借助特殊的历史记录面板快速回到以前的任何一个编辑操作；还提供了设计网页图形的内置优化功能，使工作流不出现任何间断。

（5）技术资料翔实：

Photoshop 提供多种方法和手段，使得用户可以快速地获取帮助，并且能够快速熟悉 Photoshop 的常用概念和基本操作方法，进一步深入学习 Photoshop 的多种特殊处理技术与技巧；还可利用在线帮助，通过 Internet 及时获取 Photoshop 的最新技术资料。

（6）完整的动态与静态数据交换功能：

Photoshop 支持在多种应用程序间或在内部多个文件间进行数据的传递与交换。

第二节 Photoshop 的菜单与工具

一、菜单栏

Photoshop 的菜单栏依次分为：“文件”菜单、“编辑”菜单、“图像”菜单、“图层”菜单、“文字”菜单、“选择”菜单、“滤镜”菜单、“3D”菜单、“视图”菜单、“窗口”菜单、“帮助”菜单。

（1）“文件”菜单：主要用于图像文件的基本操作。

（2）“编辑”菜单：包含了各种编辑文件的操作命令。

（3）“图像”菜单：包含了各种改变图像大小、颜色等的操作命令。

（4）“图层”菜单：包含了各种调整图像中图层的操作命令。

（5）“文字”菜单：包含了各种调整字体的操作命令。

（6）“选择”菜单：包含了创建和编辑浮动选区的操作。

（7）“滤镜”菜单：包含了为图像添加内置或外挂特殊效果的操作。

（8）“3D”菜单：包含了创建和编辑三维对象的操作。

（9）“视图”菜单：包含了查看图像视图的操作。

（10）“窗口”菜单：包含了用于图像窗口的基本操作。

（11）“帮助”菜单：包含了用于版权及获取帮助信息的操作。

二、工具栏

Photoshop 的工具栏包含选择工具、绘图工具、填充工具、编辑工具、颜色选择工具、屏幕视图工具、快速蒙版工具等。将光标放置在工具上方，单击鼠标右键，会显示该工具下的具体工具。将鼠标放在该工具上会显示该工具名称和快捷键。

三、控制面板

Photoshop 为用户提供了多个控制面板组，包括颜色与色板、图层、通道与路径、学习、库和调整等。

第三节 Photoshop 的面板

Photoshop 的面板包括导航器面板、动作面板、段落面板、工具预置面板、画笔面板、色板面板、图层面板、历史记录面板、信息面板、颜色面板、通道面板、路径面板、样式面板、直方图面板、字符面板等。最常用的面板有以下几种：

（1）图层面板：图层相当于电子画布。利用图层面板，可以建立、隐藏、显示、复制、合并、删除图层；可以设置图层样式和对图层填充颜色，也可以调整图层的前后位置。

（2）历史记录面板：可以帮助存储和记录操作过的步骤。利用它可以恢复到数十个操作步骤前的状态，非常方便纠正错误并对错误进行重新编辑。

（3）颜色面板：拖动颜色区块下方的三角形游标可以调整色彩，所选择的前景色和背景色会显示在面板的上方。

（4）通道面板：Photoshop 中的通道用于存储不同类型信息的灰度图像。打开新图像时，会自动创建颜色信息通道。图像的颜色模式决定所创建的颜色通道的数量。利用“通道面板”可以创建、管理通道，并监视编辑效果。该面板列出了图像中的所有通道，首先是复合通道（对于 RGB、CMYK 和 Lab 图像），然后是单个颜色通道、专色通道，最后是 Alpha 通道。通道内容的缩略图显示在通道名称的左侧；缩略图在编辑通道时会自动更新。

（5）路径面板：Photoshop 中的路径面板列出了每条存储的路径、当前工作路径和当前矢量蒙版的名称和缩略图。减少缩略图的大小或将其关闭，可以在路径面板中列出更多路径。要查看路径，必须先在路径面板中选择路径名。

第四节 Photoshop 的图层与蒙版

一、图层

图层是 Photoshop 最重要的功能之一。可以将图层理解为含有各种图像元素的透明胶片，一张张按顺序叠放在一起，组合起来，最终形成页面的最终效果。图层中可以加入文本、图片、表格、插件，也可以在一个图层里面再嵌套图层。在进行图像处理时，常常是将图像分解成多个图层，然后分别对每个图层进行处理，最后组合成一个整体的效果。

（一）图层的功能

Photoshop 允许在一个图像中创建多达 8 000 个图层。将一个图像利用抠图技术分解成多个图层，修改单个图层时，就不会对另外的图层造成破坏。

在 Photoshop 中，每个图层都是独立的，修改一个图层不会对其他图层造成影响。可以对图层进行选择、命名、增加、删除、复制、移动、打开/关闭、合并、锁定等操作。

在图层进行操作时必须牢记：只有被选中的图层才可以进行操作。例如，使用画笔工具绘制图形时，必须先明确选择图层，选错图层是初学者常犯的错误。初学者容易忘记图层的概念，把应该分层处理的图像都放在同一个图层上，给图像处理带来不便。

（二）图层的类型

Photoshop 中的图层有七种类型，分别是背景图层、普通图层、调整图层、填充图层、文字图层、形状图层、智能对象图层。设计者调整透明度、修改大小、删除、调整顺序等操作，都可以在普通图层上进行。

（1）调整图层：调整图层在美化图片时非常有用，它可以在不破坏原图的情况下，对图像进行色阶、色相曲线的调整等操作。通过调整不同图层，不仅可以美化图像，还能为设计者带来创意灵感。

（2）填充图层：填充图层是一个遮罩层，内容可以是纯色、渐变或图案，也可转换为调整图层。通过编辑遮罩，可以产生融合效果。

（3）文字图层：可以创建文字，并随意改变文字内容。

（4）形状图层：它可以由形状工具和路径工具创建，内容保存在其遮罩中。

（5）智能对象图层：智能对象实际上是指向其他 Photoshop 文件的指针，当我们更新源文件时，这些更改会自动反映在当前文件中。智能对象图层可以实现无损处理效果，能够保护图片的源内容和特性，从而对图层进行非破坏性的编辑。

（三）图层的基本操作

图层的大部分基本操作都可以通过图层工具面板进行。

1.图层的选择

在需要对某个图层内的对象进行操作时，应该先选择对应的图层。单击右下角图层面板中对应的图层，就可以选中该图层，选中的图层以蓝色显示。

2.复制图层

通过“复制图层”的操作，可以将某一图层复制到同一图像中，或者复制到另一幅图像中。在同一图像中复制图层时，最快的方法是按“Ctrl+J”快捷键；或者将图层拖动到图层工具面板下方的“新建图层”按钮上，复制后的图层将出现在被复制图层的上方。

3.删除图层

删除图层的方法是：选中要删除的图层，然后单击图层工具面板下方的“删除图层”按钮；也可以直接用鼠标拖动图层到“删除图层”按钮上进行删除。

4.调整图层的叠放次序

在一个图像中，如果多个图层在同一位置有内容，就会产生遮挡现象。当图层不透明时，位于图层工具面板上方的图层会遮挡下方的图层。在图层工具面板中，选中某个图层后，图层显示为蓝色，按住鼠标左键上下拖动，可以调整图层的次序，从而改变遮挡效果。

5.图层的链接与合并

通过链接图层，可以方便地移动多个图层中的图像，同时对多个图层中的图像进行旋转和自由变形，还可以对不相邻的图层进行合并。

对一些不需要的图层可以将它们合并，以减少文件占用的磁盘空间，同时也可以提高操作速度。“向下合并”是将当前图层与下一图层合并，其他图层保持不变，可以按“Ctrl+E”快捷键进行图层的“向下合并”；“合并可见图层”是将图像中所有显示的图层合并，而隐藏的图层则保持不变；“拼合图像”是将图像中所有图层合并，并在合并过程中丢弃隐藏的图层。

6.图层的其他操作

如果要移动图层中的图像，可以使用“移动”工具进行移动。

单击图层前面的小眼睛图标，可以关闭或打开图层在图像上的显示。

双击图层的名称，可以对图层进行命名。

右击在“图层面板”选中的图层，可以删除图层、合并图层、栅格化图层（如将文字图层或形状图层转换为图形图层）等操作。

（四）图层的混合效果

一般情况下，某个图层上的对象对于位于其下方的图像都是以正常模式、不透明度100%进行完全覆盖的，也就是说会完全遮盖下方的内容。有的时候设计者希望设置图层内容为半透明状态以达到某些效果，这时可以通过调整图层的不透明度来实现。不透明度可以直接在图层工具面板上进行调节，也可以在需要调节的图层上右击，在打开的菜单中选择“混合选项”，以打开“图层样式”面板进行调节。在“图层样式”面板中，除了可以调节图层与图像的混合选项外，还可以进行投影、发光、描边、叠加等多个图层特效的设置。设置的方法是勾选对应的特效样式后，选择该样式，在右边的窗口中就会出现此样式可进行的各项设置，各项设置都可以在设置时在图像上看到即时的效果。设置完毕后，在图层面板中对应图层的下方会出现使用的各项效果，可以通过单击效果前方的眼状图标打开或关闭效果。

二、蒙版

蒙版原本是摄影术语，是指用于控制照片不同区域曝光的传统暗房技术。在 Photoshop 中，蒙版是合成图像的必备工具。使用蒙版可以遮盖部分图像内容，使其免受其他操作的影响。被蒙版遮盖的图像内容并不是被删除掉，而是被隐藏起来，这是一种非常方便的非破坏性编辑方式。蒙版不仅可以避免因使用橡皮擦、剪切或删除等操作造成的不可逆影响，还可以配合滤镜做出一些特殊的效果。

图层蒙版的功能有些类似 Alpha 通道，当我们添加图层蒙版时，在通道栏中会有一个临时的 Alpha 通道。Alpha 通道用于保存和编辑选择的区域，所以也可以用作图层蒙版。

一般情况下，直接点击图层蒙版按钮，会给当前选择的图层添加一个白色蒙版。如果在按住 Alt 键的同时，再点击创建图层蒙版按钮，会给图层添加一个黑色蒙版，并且图层内容被蒙版隐藏。

在实际合成中，素材的显示与隐藏被图层蒙版中的灰阶控制。我们可以配合画笔工具，在需要的部分用白色绘制使其保留，在不需要的部分用黑色绘制将其隐去。我们也可以用不同程度的灰色实现两个图层的融合。

当我们双击图层蒙版时，会弹出“图层蒙版”设置面板。在该面板中，可以像处理选区一样，对蒙版的浓度以及蒙版的边界进行调节。

（一）蒙版简介

蒙版用于保护图层中被遮盖的区域，使该区域不受任何操作的影响。蒙版以 8 位灰度通道存放，可以使用所有绘画和编辑工具对其进行调整。在 Photoshop 中，蒙版主要用于对图像的修饰与合成。“合成”是指将原本在不同画面中的图像内容，通过各种方式进行组合拼接，最后使它们出现在同一个画面中，并形成一个新的图像。

在合成的过程中，经常需要将图像的某些内容隐藏，只显示出特定的内容。使用蒙版可以轻松地隐藏或恢复图像内容，图像上的像素可以随时复原，所有的操作都是可逆的。对蒙版和图像进行预览时，蒙版以半透明的红色遮盖在图像上，被红色遮盖的区域是未被选中的部分，其余的区域是被选中的部分。对图像所做的任何更改不会对蒙版区域产生任何影响。

Photoshop 提供了四种蒙版，分别是剪贴蒙版、图层蒙版、矢量蒙版和快速蒙版。

（1）剪贴蒙版：通过让处于下方图层的形状来限制上方图层的显示区域，即用下一个图层的形状裁剪上一个图层的图像，达到一种遮盖的效果。

（2）图层蒙版：通过蒙版中的灰度信息来控制图像的显示区域。蒙版中白色为显示区域，黑色为隐藏区域，灰色为半透明区域。

（3）矢量蒙版：通过路径和矢量形状控制图像的显示区域。路径以内的部分为显示区域，路径以外的部分为隐藏区域。

（4）快速蒙版：通过绘图工具快速编辑选区。

（二）蒙版的属性面板

蒙版的“属性”面板用于调整当前选中图层蒙版或矢量蒙版的不透明度和羽化范围。单击“图层”面板下方的“添加蒙版”按钮，然后单击菜单栏中的“窗口>属性”命令或双击蒙版，即可打开蒙版的“属性”面板。

第七章 计算机图像处理技术的具体应用

第一节 计算机图像处理的应用领域

（一）医学领域的应用

医学的发展离不开新时代新技术的支持，计算机技术的进步对其产生的影响不可忽视。以往在医学方面遇到的难题，通过计算机技术便可以很好地解决。其中，计算机图像处理技术在医学领域的应用极为广泛，为医生更好地判断患者病情提供了巨大帮助，极大地推动了医学的发展，例如 CT、B 超、X 光等。在 CT 应用中，图像质量对 CT 影像的准确性至关重要。因此，利用计算机图像处理技术对其进行图像处理的优势显得更加明显。如果 CT 影像质量很差，医生判断患者病情的准确性就会大大下降，甚至会导致病情判断错误，造成严重后果。对此，充分发挥计算机图像处理技术的优势尤为重要，对图像进行有效处理，增强图像对比度，优化图像密度，能够为医生的判断提供更好的帮助。

在 B 超应用中，B 超图像很容易受到噪声的干扰，导致图像质量下降。通过计算机图像处理技术对其进行有效的降噪操作，能够很好地降低噪声对图像的干扰，从而提高医生分析图像的效率，并提高对患者病情判断的准确性。若能够进一步优化该技术，可以借助计算机的优势帮助医生诊断病情，再结合医生自身的主观判断，准确性会大大提高。当然，该技术在医学领域的其他方面也有广泛应用，如超声成像、可视化技术、内窥镜、核磁共振等。

（二）交通领域的应用

计算机图像处理技术应用在交通领域时可以充分发挥其优势。在计算机图像处理技术的早期应用阶段，主要用于信息采集和车辆识别等。通过对计算机图像处理技术的不断优化与交通智能化的不断推进，该项技术的优势越发明显。通过在道路口安装监控及拍摄设备等方式，可以将驾驶员的违规驾驶行为进行拍摄留存，并通过计算机图像处理技术对图像进行有效处理，准确判断驾驶员的违规行为，从而使得计算机图像处理技术在降低交通违规率方面发挥着极其重要的作用。在辅助驾驶方面，利用计算机图像处理技术，图像经过有效处理后，可以实时判断路况。当汽车遇到可能出现的危险时，系统可以自动判断危险信息，并将危险信号提前告知驾驶人员，避免车辆发生交通事故，在最大程度上保证驾驶人员的安全。

近年来，自动驾驶技术被大力提倡，若能将该技术普遍推广，可以降低疲劳驾驶率，从而有效避免可能发生的交通事故。在自动驾驶技术中，计算机图像处理技术的作用不容忽视。在车辆行驶过程中，需要随时判断交通路况，并监测路况信息，以更好地遵守交通规则，并防止交通事故的发生。倘若图像处理粗糙、处理速度较慢，就会增加车辆对交通判断的错误率。因此，计算机图像处理技术的处理速度和精确度显得尤为重要。

（三）司法领域的应用

在司法领域，计算机图像处理技术发挥着极大的作用，为公安机关在案件侦破方面提供了强有力的帮助，显著提高了破案率。目前，监控覆盖率大大提高，在重点公共区域甚至达到 100%。然而即使监控覆盖率达到 100%，由于环境等因素也会导致图像不清晰，从而无形中增加了案件侦破难度。利用计算机图像处理技术，对不清晰的监控图像进行有效处理，可以提高图像的清晰度以及对比度，精确识别作案人员的外貌信息，从而确定作案人员的身份信息，为案件侦破提供有效帮助。当遇到图像信息受损或者图像信息缺失，导致无法得到关键信息的情况时，可以通过计算机图像处理技术对图像进行修复，使得图像信息完整，从而获得缺失的关键信息。

（四）军事领域的应用

以往在军事领域，定位目标以及观测目标信息依赖人工观测，不仅在精确性上不占优势，而且在速度方面也会耗费很长时间。随着计算机图像处理技术和遥感技术的发展，通过遥感图像，可以精确定位目标位置及获取其他所需信息。目前，在实际应用中使用无人侦察机拍摄图像信息难免会受到天气、地形及其他因素的影响，导致图像质量严重下降，从而影响目标信息获取的精确性。对此，计算机图像处理技术通过图像增强、图像修复、图像分割等技术，可以有效消除由于天气、环境等因素导致的图像受损情况。此外，在军事演习和日常训练中，计算机图像处理技术在观测地形方面也发挥着不可替代的作用。通过图像处理技术，可以有效消除图像质量受损的影响，使图像更加清晰，以达到现场勘测的效果。

（五）农业领域的应用

近年来，我国农业技术发展迅速，计算机图像处理技术在其中发挥了推动作用。在农作物生长期间，通过无人机对农作物的生长情况进行拍摄记录，并通过计算机图像处理技术对图像进行识别，对图像质量较差的图像进行降噪和修复处理。在对图像进行处理后，通过提取和分析图像中的农作物信息特征，可以判断农作物的生长状况并预测其生长趋势。

另外，在农作物生长阶段，可以实时监测农作物生长环境，例如通过图像识别分析监测田间病虫害情况，判断虫害是否对农作物产生较大影响，进而判断是否需要采取措施进行防治。这可以大大减少人力、财力和物力的投入。

此外，我国农业机械化不断推进。在农业采摘阶段，使用机器进行采摘时，通过拍摄图像信息，并对图像进行识别、处理和分析，可以判断农作物是否成熟，进而控制机器是否进行采摘。在此阶段，可以大大减少体力劳动，提高生产效率。

第二节 计算机图像处理技术在网页设计中的应用

随着信息技术的快速普及，计算机图像处理技术已经应用到许多行业领域，其中在网页设计领域尤为广泛。在网页设计中应用计算机图像处理技术，不仅要平衡技术与艺术之间的取舍，还要从商业角度出发，考虑网页对访问者的吸引力与访问者的阅读体验。网页设计的核心目标在于借助图像处理技术，将文本、图像等信息融合，发挥其信息传达和理念宣传的作用，提升网页设计的艺术感。

在网页设计过程中，必须对图像信息进行处理，才能提升网页设计的艺术美感和内容的丰富性，达到吸引用户和优化网页阅读体验的效果。因此，在网页设计中需要重视计算机图像处理技术的应用，具体来说要做好以下几方面：

一、优选计算机图像处理技术方式

在网页设计中，计算机图像处理的方式多种多样，主要包含以下三种：

（一）去噪处理方式

在对图像进行处理的过程中，大概率会出现量化噪点、高斯噪点的情况，但图像信号源质量并不差，可见这与软件量化处理的程度有直接关系。因此，需要对图像进行去噪处理，如利用中值滤波、均值滤波等手段，根据特定灰度值对图像像素信号进行合理排列，用数值表示噪点强度和中间值，然后合理插入模糊值和中间值，以实现对图像的有效降噪处理。

（二）增强处理方式

图像增强处理的关键在于凸显重点、弱化缺陷。这一处理方式需要用到滤镜、锐化、剪切等各种计算机图像处理技术，借助相应软件实现图像处理效果，最终达到调整图像清晰度和色彩饱和度的目的。例如，可采取伪彩色图像处理方式，实现黑白图像（或失真图像）向彩色图像的转化；在处理滤波的过程中借助锐化技术，对图像结合部位的深度进行清晰刻画。通过对增强处理方式的应用，能有效整合视觉效应与光学效应，在网页设计中有着较为频繁的应用。

（三）压缩处理方式

图像压缩处理方式在网页设计中极为常见，通过对图像数据的压缩处理，能够提高图像信息传递的效率，降低图像失真的概率。在网页设计中，图像的有损或无损压缩，其相应的处理方式与内容也存在差异。目前，JPEG、MPEG属于主流的图像压缩方式。

二、构建与网页主题相符的网页风格

在网页设计过程中，需要对大量图像进行处理，因此必须充分发挥计算机图像处理技术的作用。设计过程中的首要核心是基于网页主题，构建统一的网页风格，从而设计出界面美观且布局合理的网页。在信息传达方面，网页发挥着关键作用，许多信息资源能够从网页风格中直接体现，这也是网站文化的一种表现。因此，在确定网页风格时，设计人员需要借助计算机图像处理技术，对相关图文信息进行修图操作，并在网页排版、结构布局等设计方面发散思维，尽量准确、清晰地传达信息。同时，要调研访问群体的信息接收水平、风格喜好等因素，一切以迎合访问群体的需求为原则。

三、优化网页 logo 设计

计算机图像处理技术不仅可以应用在网页设计中，在 logo 设计中也普遍应用，同时要重视网页的矢量设计。网页 logo 作为网页给访问者留下的第一印象，其设计直接关系到网页的观感。通常一个优秀的 logo 设计，相当于整个网页设计已经成功了一半。因此，将计算机图像处理技术应用到对网页 logo 的优化设计中，能够为访问者留下一个深刻且良好的印象。每个网站都会将自己的 logo 摆在网页的醒目位置，独特的 logo 往往是整个网页最抢眼的存在，因此一定要提高对 logo 设计的重视度，发挥其提高网页浏览量的作用。

四、实现网页图像传输的针对性

在网页设计中，掌握并熟练运用计算机图像处理技术，能够有效优化网页设计效果。立足于网页访问者的视角，不同大小、颜色的图像会带来截然不同的观感。一般来说，红色感叹号图像给人的感觉是设备损坏、无法使用或功能失效；而黄色三角形图像则代表功能使用受限、需谨慎使用。因此，只有明确网页图像所肩负的信息传递职责，才能保证图像处理的合理性及信息的有效表达。

举例来说，在设计公益性网站的网页时，无论是前期的图片选择，还是后期的图像修正与图文搭配，基本都会选择浅色作为网站基调。修图时也会尽量确保图像颜色的纯净，不能过于复杂，以避免颜色过分杂乱而影响访问者的注意力。对于商业性网站的设计，则需要基于吸引消费群体的目的。因此，在设计时常采用撞色设计方式。科学研究表明，这种方式能够刺激人们的潜在消费欲望。因此，需要根据网页所传达的信息内容来设计图像，保证内容与图像之间的协调性。

综上所述，网页设计工作对设计人员的综合素质要求较高。除了要善于进行网页版面的排版设计外，还应具备过硬的图像处理技术，以提升网页设计的艺术感染力。因此，设计人员在网页设计的过程中，应合理应用计算机图像处理技术，通过优选图像处理方式、构建与网页主题相符的风格、优化网页 logo 设计以及实现图像的针对性信息传输，设计并制作出更具艺术美感的网页，吸引访问者浏览并延长其停留时间，从而发挥网页在信息传播、形象宣传等方面的作用，带来良好的社会效应。

第三节 计算机图像处理技术在UI设计中的应用

图像数字化是利用数字技术对图像进行记录、处理和保存的过程。图像由多个像素组合而成，具有极高的创造力。图形则是对场景的空间位置、颜色等进行呈现和定义。通过一些软件，人们可以将图形指令转化为计算机屏幕上的形状和颜色，形成图形。图形适用于一些简单、色彩不丰富的对象。而图像则是对各种场景进行的数字化处理，它不仅能呈现更加真实的画面，还能完美地展现细微的细节。图形和图像的主要区别在于是否可以变形和缩放：图形可以缩放而不变形，图像如果放大，会导致整个图像失真。在数字化时代，UI设计工作备受关注，灵活运用计算机图像处理技术非常必要。

一、UI设计介绍

UI即用户界面，UI设计指的是对软件整体框架、结构和界面的设计。UI设计有两种类型：实体型UI设计和虚拟型UI设计。UI设计主要包括图形设计、人机交互设计和用户测试等。UI设计效果间接反映了软件的特点，能够为用户带来不同的操作体验。

UI设计既然是用户界面设计，那它肯定要以用户为中心，根据调研后的用户需求来制定设计方案，满足用户的个性化需求。在如今，用户对界面操作的需求除了便捷之外，更注重信息安全。因此，设计人员要尽可能设计得更加合理、安全、简单、灵活。界面除了外观美丽、吸引人之外，还要更加清晰，给用户良好的视觉享受。从目前来看，UI 设计仍然具有良好的发展前景。要想让 UI 设计更加合理、科学、先进，需要在用户需求上下功夫。在设计之前，要深入市场调研，分析和记录当前的发展趋势。

二、计算机图像处理技术介绍

计算机图像处理技术，顾名思义，是应用计算机来处理图像的技术。它能对目标图像进行加工和分析处理，使其更加满足用户的视觉和心理需求。该技术是信号处理在图像领域中的一个应用，大部分图像处理以数字化形式进行存储。计算机图像处理的内容包括对图像大小进行调整、对图像的亮度和色彩进行修改、对图像进行优化，以及一些抠图和图像编辑工作，最后将处理后的图像进行保存并导出。

三、计算机图像处理技术在 UI 设计中的应用优势

计算机图像处理技术具有强大的图像处理功能，它能很好地编辑、分析和处理图片，满足软件界面设计的各项要求，从而满足用户的视觉体验。计算机图像处理技术功能丰富、操作简便，能够更加直观地展示图片，激发设计师的想象力，从而帮助设计师更好地完成界面设计。

四、UI 设计中计算机图像处理应用分析

计算机图像处理在 UI 设计中主要用于用户界面制作、信息获取和创新设计等操作。信息获取是面向用户进行的一项工作，通过此过程掌握用户的需求和体验效果，从而细化目标，利用 PS 技术完成精细化处理。创新设计是指在分析各项操作事项之后，设计人员有目的、有方向地设计产品，展示自己的能

力，将创新思维通过 PS 技术等呈现在 UI 作品中，为用户带来全新的视觉效果。

（一）PS 软件应用于图标设计

用户界面设计包含多项内容，其中图标设计是其基本内容。图标是指引用户操作的一个标志，能够提供用户信息指示、图形区分等功能。界面中需要有一些应用型图标，帮助整合功能、标志区分、启动软件等。而功能型图标则需要起到功能介绍、操作提示、信息指引等作用。用于图标设计的计算机处理技术包含多种内容，对于其处理需要使用 PS 处理软件和 AI 矢量软件。

无论使用哪种软件进行 UI 设计，前提条件是要掌握各软件的操作技巧，对各种功能都要非常熟悉。这样才能帮助生成创意，呈现出更好的视觉效果，既能节省时间，又能提高设计效果，同时也能更好地反映出设计师的水平。在如今，用户界面更加细化，用户需求也呈现出动态变化。要想设计出与时俱进的软件，满足用户需求，就必须在图标设计和界面处理上下功夫，加强图标与功能之间的联系，这会让整个设计更加具有实用性。

（二）PS 软件应用于界面设计

界面设计离不开 PS 技术，界面外观应该符合用户的审美。这就要求在设计之前，设计师要深入调研，通过调查研究后设计出多种界面图形，再让用户选择。界面设计应该有其意义，不同类型的网站应做出不同的界面设计。设计师还应利用 PS 技术对图片进行加工和处理，界面图形元素要选择与主题功能相关的元素。这些设计除了基于用户需求，还要具有实用性，以满足市场要求。

（三）PS 技术用于插图设计

从大多数网站设计来看，为了满足用户需求并让网站更加吸引用户，设计师们可谓在外观设计上下足了功夫。为了体现界面的简洁性，应用 PS 技术进行插图设计显得尤为重要。随着互联网的发展，插图的使用越来越频繁。在处理界面设计时，会应用大量的插图设计与制作。优美、亲切、时尚、温馨的插图设计增加了软件的友好度。不可否认，图片呈现的内容更加直观简洁，才能快速向用户传达信息。设计精妙的图片不仅能给用户带来新鲜感，还能让用户频繁使用软件而不觉得疲劳。

（四）切图输出

UI 设计出的界面和一些图标最终都会通过程序员将其应用到软件中。在进行编程操作之前，界面和图标需要进行切图。切图的主要作用有两个：

（1）使界面元素独立，便于写入程序；

（2）适配多种尺寸的终端和操作系统。

目前，主流的操作系统主要有 iOS 系统和安卓系统，每一个操作系统都有不同的设计标准和设计理念。

（五）logo 设计

网站的标识代表了网站特定的文化和特点。在大多数网站中，设计了自己的 logo。每个 logo 都要具有辨识度、代表性和象征性。在设计环节中，需要加入创作理念，充分发挥想象力，反复修改，使网站能够吸引更多的用户。每个网站的 logo 设计都极具想象力，并且要有独特的意义。一个好的设计能增加用户的浏览量，利用图像处理技术可以让设计更具艺术性。好的设计能更贴近用户，让用户感受到产品的意义。

（六）图像优化处理

不同网站的图像所体现的作用各不相同，也可以使网站呈现出不同的风格。利用图像处理技术可以让图像得到优化，使图像呈现得更加具体、美观，更加吸引用户。在 UI 设计中，需要对图像进行处理，这时图像处理技术显得尤为重要。它能解决图像处理中的难题，通过 PS 等技术让图像变得更加丰富和形象，满足软件所要呈现的目标需求。

随着智能计算机的普及和快速发展，为了呈现出良好的用户界面，计算机图像处理技术发挥着重要作用。应该让计算机图像处理技术和UI设计有效融合，通过计算机图像处理技术来实现用户界面的需求。为此，应深入研究计算机图像处理技术在UI设计中的应用。

第四节 计算机图像处理技术在农业中的应用

伴随着神经生理学、思维学、人工智能、数学、图像处理、模式识别、计算机图形学，尤其是计算机视觉等相关学科的发展，计算机图形处理技术已经开始在多个领域和社会生活中广泛应用。

在过去的四十年中，计算机图像处理技术随着计算机技术的发展，逐步成为一项综合技术。该技术利用图像传感器提取物体的图像，并借助计算机对图像进行分析，实现图像去噪、分割、增强、特征提取等操作。与人类的视觉处理相比，计算机图像处理具有高精度、良好的再现性、定量性、适应性强、处理速度快、能够处理大量数据等突出优势。因此，该技术在许多领域得到了广泛应用，特别是在农业中展现出显著的优势。近年来，随着人工智能技术、计算机图像处理技术、图形模式识别、多光谱辨别等高技术的发展，智能农业、精细农业、数字农业等技术得到了广泛实践。

一、计算机图像技术简介

这些年来，伴随着计算机技术的快速进步，计算机图像处理技术这一综合性较强的交叉学科已经在各个领域得到了应用。该技术借助计算机，对通过传感器提取的图像进行研究和处理，同时实现对图像的加工，如图像分割、去噪、特征提取等相关技术。本质上，人的眼睛也可以视为一种图像处理设备，然而与计算机图像处理技术相比，无论是在图像处理速度、精确度，还是处理数据的数量等方面，都有明显的差距。随着计算机技术的升级，图像处理技术也变得更加多样化。这些图像处理技术的应用推动了科技的快速发展，特别是在农业与农学研究中，受到了越来越多人的关注。与其他行业相比，计算机图像技术表现出明显的优势，促进了农业项目的进步。

二、计算机图像技术在农机工程中的应用

农机工程中，计算机处理技术的关键在于对农产品的机械加工。例如，西北地区主要种植经济作物，需要进行药物喷洒，此时需要计算机控制无人机喷洒药物，以确保数据准确，减少不必要的损耗，具有较强的实用性。

农产品的机械加工作业对产品的质量提出了较高的要求，关键在于农产品质量的审核和检测。计算机技术主要用于严格控制加工制造线的各道工序，除了一些数值需要人工设置外，其他均由计算机严格控制。这与反馈系统有一定的关系，计算机处理技术根据加工生产线上测试反馈的结果进行控制。

以水产品加工为例，利用计算机图像处理技术，可以对精确设定的位置进行切割，确保产品形状均匀一致，有助于产品的包装和上市。此外，计算机应用技术在食品类包装加工中也有重要作用，例如在果酥、甜点、面包等烘烤类食品的制作过程中，计算机处理技术可以控制烘烤温度。不同的烘烤温度会导致食品颜色和口感的差异。计算机视觉处理技术能够在烘烤过程中监控甜点的颜色，根据色泽对烤箱温度进行调整，从而保证甜点色泽诱人、均匀。同时，计算机图像处理技术还能及时控制烘烤过程中甜点的质量，科学监控食品的烘烤质量。

如今，计算机图像处理技术已经在农业中广泛应用，成为各大农业院校与研究部门的重要研究课题。海外的工业技术更为领先，许多年前便开始推行机械化操作模式，从而解放了生产力。这些年来，海外国家已经设计出了果实采摘机器人，并在某些果品和蔬菜的采摘中得到应用，在一定程度上减少了人工

工作量，降低了成本，提高了采摘效率。

三、计算机图像处理技术

在农学领域中，借助计算机对图像进行处理，可以实现农作物从播种到收获的全阶段监测。这样可以随时查看农作物的生长状况与各个步骤，并检测农作物在生长期间是否存在营养不足和水分不足的问题。利用计算机图像处理技术，可以记录农作物在各个生长期的形态。当农作物成熟时，能够准确判断和分析其各种形态，剔除不达标的农作物，从而优化农作物的质量。

（一）生长状态监测

通常而言，在植物的生长过程中，可以借助计算机视觉技术，具体测试植物的生长状况。从播种到收获的整个阶段，可以随时了解植物的生长情况。如果出现异常情况，可以及时察觉和处理。监控内容包括植物的厚度、含水量、叶片大小、根茎长度，并将相应的数据记录下来。借助这些研究数据，可以查看植物的生长状况是否达标，并根据收集到的果实图像判断果实的成熟情况，观察是否存在营养和水分不足等问题。

（二）营养状态监测

在植物的生长过程中，借助计算机图像处理技术对植物的叶片和茎进行图像采集，监测叶片的生长情况和茎的粗细度，并比较植物在正常生长情况下的数据，研究植物生长过程中的营养是否会有所变化，从而制定相应的营养补救策略，为植物生长提供所需的营养成分，确保植物正常生长。

（三）成熟度监测

借助计算机图像处理技术，能够具体分析与处理果实外表的所有图像，通过检测指标，能够对果实的成熟度等指标进行判断。通过这种方式，能够针对果实不同的成熟程度制定相应的对策。比较成熟的果实能够先行采摘，预防果实腐烂的情况发生，从而更好、更精确地管理果实。

四、应用中主要存在的问题

在农业中，计算机图像处理技术最为重要的功能是收集植物、果实等农产品的图像资料，对提取的图像进行有效分割，基于相应的图像数据信息开展精确研究，得出准确的研究结果，从而降低人力成本，提高对农产品的管理能力，实现预期目标。目前，计算机图像处理技术已经在我国得到了广泛应用，并在多个行业中取得了一定的研究成果。然而，其应用过程中仍需解决大量问题，要求相关技术人员进行分析与应对，为农业生产提供优质服务。

果实采摘涉及果实的定位和基本识别。如今，计算机视觉技术在农业机械化作业中存在突出问题。由于机器作业面临一个相对复杂的环境，在图像收集、定位与判定步骤中存在许多难题需要解决。在实际施工场所，有很多干扰因素影响了计算机视觉技术的判断系统，导致采摘的果实与实际预期不符。对于此类问题，需要深入研究并提出解决方案，使图像分析更加精确。在农产品的机械收获中，需要收集果实的饱满度、颜色等相关信息，对数据进行记录，并研究数据的类别与特征，制定适宜植物果实采摘的一套完善流程，进一步提高果实采摘的准确度，防止误摘等问题。

借助计算机处理技术，能够监控农产品的整个生长过程。通过计算机图像处理技术采集果实的形状、外观等指标，对果实的质量进行评估和等级划分，观察是否达到果实的标准质量要求，并将采摘的果实进行分类摆放。如今，果实分级处理依然处于人工判断阶段，需要人工选择后分类放置。分拣设备完全可以根据果实的细分标准进行分级和分类，但目前的设备仍难以根据农产品的形状及表面是否破损等情况完成智能分级操作，仍需人工挑出表面有破损的果实。对表面有破损的水果进行分级。大多数果实表面较为光滑，但即便是未受昆虫侵害的果实，也会因天气等原因而表面凹凸不平。

如今，计算机图像处理技术在农业中的应用还处于起步阶段，需要持续研究、提出问题，并进行优化。该技术在农业生产项目和实用商品化之间仍有不小的差距。目前，仍有大量技术问题有待解决，例如快速提取果实表面信息、果实分级与分类放置等问题，仍需对此加强科学研究。未来，计算机图像处理技术在农业领域必将得到广泛应用。

参考文献

[1]程辉，田少煦. 计算机图像基础[M]. 杭州：浙江大学出版社，2011.

[2]迟健男. 视觉测量技术[M]. 北京：机械工业出版社，2011.

[3]葛芦生. 计算机视觉测量技术及在运动控制系统中的应用研究[M]. 上海：上海大学出版社，2002.

[4]姜峰，刘绍辉，张盛平，杨炽夫，张健. 计算机视觉运动分析[M]. 哈尔滨：哈尔滨工业大学出版社，2018.

[5]李海生，潘家普. 视觉电生理的原理和实践[M]. 上海：上海科学普及出版社，2002.

[6]刘传才. 图像理解与计算机视觉[M]. 厦门：厦门大学出版社，2002.

[7]罗杰波，汤晓鸥，徐东. 计算机视觉[M]. 合肥：中国科学技术大学出版社，2011.

[8]罗四维等. 视觉信息认知计算理论[M]. 北京：科学出版社，2010.

[9]寿天德. 视觉信息处理的脑机制[M]. 合肥：中国科学技术大学出版社，2010.

[10]双锴. 计算机视觉[M]. 北京：北京邮电大学出版社，2020.

[11]韦鹏程，贺方成，黄思行. 基于虚拟化技术的云计算架构的技术与实践探究[M]. 电子科技大学出版社，2017.

[12]吴学毅. 计算机图形学原理与实践[M]. 北京：印刷工业出版社，2008.

[13]许儒航. 建设项目监管机理及方法[M]. 北京：中国电力出版社，2016.

[14]张际平. 计算机与教育[M]. 北京：电子工业出版社，1997.

[15]章毓晋. 计算机视觉教程[M]. 北京：人民邮电出版社，2011.

[16]蔡成涛，苏丽，梁燕华. 海洋环境下的计算机视觉技术[M]. 北京：国防工业出版社，2015.

[17]郑南宁. 计算机视觉与模式识别[M]. 北京：国防工业出版社，1998.